BEI GRIN MACHT SICH IHR WISSEN BEZAHLT

AF514474

- Wir veröffentlichen Ihre Hausarbeit, Bachelor- und Masterarbeit

- Ihr eigenes eBook und Buch - weltweit in allen wichtigen Shops

- Verdienen Sie an jedem Verkauf

Jetzt bei www.GRIN.com hochladen und kostenlos publizieren

GRIN

Pascal Pooch

Elementares Bruchzahlverständnis bei Grundschülern der dritten und vierten Klasse

GRIN Verlag

Bibliografische Information der Deutschen Nationalbibliothek:

Die Deutsche Bibliothek verzeichnet diese Publikation in der Deutschen Nationalbibliografie; detaillierte bibliografische Daten sind im Internet über http://dnb.d-nb.de/ abrufbar.

Dieses Werk sowie alle darin enthaltenen einzelnen Beiträge und Abbildungen sind urheberrechtlich geschützt. Jede Verwertung, die nicht ausdrücklich vom Urheberrechtsschutz zugelassen ist, bedarf der vorherigen Zustimmung des Verlages. Das gilt insbesondere für Vervielfältigungen, Bearbeitungen, Übersetzungen, Mikroverfilmungen, Auswertungen durch Datenbanken und für die Einspeicherung und Verarbeitung in elektronische Systeme. Alle Rechte, auch die des auszugsweisen Nachdrucks, der fotomechanischen Wiedergabe (einschließlich Mikrokopie) sowie der Auswertung durch Datenbanken oder ähnliche Einrichtungen, vorbehalten.

Impressum:

Copyright © 2010 GRIN Verlag, Open Publishing GmbH
Druck und Bindung: Books on Demand GmbH, Norderstedt Germany
ISBN: 978-3-640-83403-7

Dieses Buch bei GRIN:

http://www.grin.com/de/e-book/166894/elementares-bruchzahlverstaendnis-bei-grundschuelern-der-dritten-und-vierten

GRIN - Your knowledge has value

Der GRIN Verlag publiziert seit 1998 wissenschaftliche Arbeiten von Studenten, Hochschullehrern und anderen Akademikern als eBook und gedrucktes Buch. Die Verlagswebsite www.grin.com ist die ideale Plattform zur Veröffentlichung von Hausarbeiten, Abschlussarbeiten, wissenschaftlichen Aufsätzen, Dissertationen und Fachbüchern.

Besuchen Sie uns im Internet:

http://www.grin.com/

http://www.facebook.com/grincom

http://www.twitter.com/grin_com

Inhaltsverzeichnis

1. Einleitung

„Brüche besitzen viele verschiedene Gesichter und nicht nur einen formalisierten Schattenriss, (...). Wer daher die Bruchrechnung wirklich verstehen und nicht nur Brüche nach fehleranfälligen Regeln manipulieren will, muss zuvor diese Gesichter gründlich betrachtet und ihre Zusammenhänge erkannt haben.“ (Padberg 2009, 28f.).

Für ein angemessenes Verständnis der Bruchrechnung ist für viele mathematikdidaktische Autoren ein Verstehen der Bruchzahlen und derer Zusammenhänge unumgänglich (Behr 1983, Wartha 2007, Padberg 2009, Watson 1999). Diverse Autoren führen Interpretationen hinsichtlich Bruchzahlen und einem elementaren Bruchzahlverständnis an (Padberg 2009, Neumann 1997).
Padberg spricht beispielsweise von acht Teilaspekten, in welche er Bruchzahlen einordnet (vgl. Padberg 2009, 29). Für ein fundamentales Verständnis von Brüchen sieht er die Grundvorstellungen „Teil vom Ganzen“ und „Teil mehrerer Ganzer“ als notwendig an. Wartha (2009) hingegen unterscheidet zwischen dem „Bruch als Anteil“, „Bruch als Operator“ und dem Verhältnis als drei verschiedener Grundvorstellungen mentaler Modelle, in welche er die Bruchzahlaspekte von Padberg (und andere) einordnet.
Diverse empirische Studien belegen, dass Schüler vor der Einführung der Bruchrechnung in der sechsten Klasse ein schwach ausgeprägtes elementares Bruchzahlverständnis besitzen (Padberg 2009; Wartha 2007; Altevogt u.a. 1996). Padberg (2002) untersuchte in seiner Studie Kinder unmittelbar vor Einführung der Bruchrechnung hinsichtlich verschiedener Bruchzahlen. Auffällig in seinen Ergebnissen waren die besonders guten Ergebnisse bei den Brüchen $\frac{1}{2}$ und $\frac{1}{4}$, während alle anderen Brüche deutlich schlechter abschnitten. Dies führt er auf die hohe Bedeutung dieser Brüche im täglichen Leben zurück. Diese Sicht wird von verschiedenen anderen Autoren (Neumann 1997, Hasemann 1993, Gabriel 1997, Altevogt u.a. 1995) geteilt.
Die Studien zum elementaren Bruchzahlverständnis finden allerdings meist bei Kindern kurz vor Einführung der Bruchrechnung in der sechsten Klasse statt. Für meine Bachelorarbeit soll nun der Schwerpunkt auf jüngere Schüler[1] der dritten und vierten Klasse gelegt werden, die nicht im Fokus der mir bekannten Studien liegen. Als Fragestellungen sind mir folgende Aspekte wichtig:

[1] Im Folgenden wird zur besseren Lesbarkeit für beide Geschlechter stellvertretend die männliche Form verwendet. Dabei ist, wenn nicht ausdrücklich anders erwähnt, die weibliche Form immer mit eingeschlossen.

Sind die sogenannten Alltagsbrüche $\frac{1}{2}$ und $\frac{1}{4}$ auch bei Schülern der dritten Klasse besser bekannt als einfache Stammbrüche?

Gibt es Grundvorstellungen, die bei den Kindern besser aktiviert werden können als andere?

Ist die Wahl von konkreten oder abstrakten Größen entscheidend für kindliche Lösungen und sorgt die Wahl des Ebenenwechsels (von ikonisch auf symbolisch oder symbolisch auf ikonisch) für unterschiedliche Ergebnisse?

Hierbei werde ich mich auf die Grundvorstellungen von Wartha (2007) beziehen, die ein Fundament zur Untersuchung des elementaren Bruchzahlverständnisses bieten.

Die vorliegende Arbeit gliedert sich in folgende Kapitel:

Im **zweiten Kapitel** werden die Betrachtungsweise der beiden mathematikdidaktischen Autoren Padberg und Wartha, die in der Bruchrechnung im deutschsprachigen Raum eine bedeutende Rolle spielen, exemplarisch skizziert und in der Folge gegenübergestellt. Das **dritte Kapitel** befasst sich mit Studien zum Bruchzahlverständnis, die nach den Grundvorstellungen Warthas und den untergeordneten Bruchzahlaspekten gegliedert sind. Im **vierten Kapitel** folgt eine Auseinandersetzung mit der Behandlung von Brüchen in der Grundschule. Hier wird zum einen auf den Lehrplan und die Bildungsstandards geschaut und zum anderen eine Schulbuchanalyse von Büchern der dritten und vierten Klasse bezüglich der Bruchzahlaspekte durchgeführt. Das **fünfte Kapitel** stellt eine kurze Schlussfolgerung aus dem dritten und vierten Kapitel dar und zeigt auf, welche Schlüsse aus diesen beiden Kapiteln für die empirische Studie getroffen werden. Die empirische Studie findet sich in **Kapitel 6** wieder. Jeweils vier Kinder aus einer dritten und vierten Grundschulklasse wurden in einem dreißigminütigem, halbstandardisierten Interview hinsichtlich ihrem jeweiligen elementarem Bruchzahlverständnis getestet. Dazu wurden Aufgaben mit verschiedenen Brüchen (Alltagsbrüche, Stammbrüche, weitere Brüche) in verschiedenen Aspekten (Maßzahl, Anteil, Operator und Erweitern/Kürzen) gestellt. **Kapitel 7** beschäftigt sich mit der Auswertung der Aufgaben. Dabei werden die Schülerlösungen aus verschiedenen Blickwinkeln begutachtet. Im **letzten Kapitel** wird die Auswertung final zusammengefasst, die formulierten Fragestellungen beantwortet und mögliche Konsequenzen für den Grundschulunterricht diskutiert.

2. Aspekte von Bruchzahlen

Brüche besitzen viele verschiedene Gesichter. Es gibt nicht eine einzige Betrachtungsweise, sondern es bieten sich immer mehrere Zugangswege (vgl. Hefendehl-Hebeker 1996, 20). Aus diesem Grunde gibt es diverse Interpretationen von Bruchzahlen und diverse Einteilungen in Bruchzahlaspekte (vgl. Wartha 2007, 47, Padberg 2009, 29).

Grundsätzlich spielen aber für das Bruchzahlverständnis mehrere miteinander agierende Grundvorstellungen und Bruchzahlaspekte eine Rolle, welche sich auch überlagern können (vgl. Padberg 2009, 30, Wartha 2007, 65).

Es ist nicht Ziel dieser Bachelorarbeit, alle vorhandenen Interpretationen und Bruchzahlauffassungen zu erfassen und zu vergleichen. Eine vollständige Auflistung der vorhandenen Literatur findet sich bei Neumann (1997) wieder.

In der vorliegenden Arbeit werden exemplarisch zwei Betrachtungsweisen zu Bruchzahlaspekten (Padberg, Wartha) und dem Aufbau eines elementaren Bruchzahlverständnisses vorgestellt sowie Unterschiede und Gemeinsamkeiten miteinander verglichen. Hierbei soll besonders auf die verschiedenen Grundvorstellungen, die für ein umfassendes Bruchzahlverständnis nötig sind, eingegangen werden.

2.1 Bruchzahlaspekte nach Padberg

Padberg unterscheidet zwischen Grundvorstellungen, die für ein Bruchzahlverständnis essentiell sind, und weiteren Teilaspekten, die auftauchen, aber für den Aufbau eines Grundverständnisses nicht notwendig sind (vgl. Padberg 2009, 28).

Für Padberg spielen acht verschiedene Teilaspekte für einen komplexen Bruchzahlbegriff eine Rolle: (1) Teil vom Ganzen, (2) Maßzahl, (3) Operator, (4) Verhältnis, (5) Quotient, (6) Lösung einer linearen Gleichung, (7) Skalenwert und (8) Quasikardinalität.

Auf die Teilaspekte fünf bis acht wird aufgrund ihrer geringen Anwendungsorientierung (vgl. Padberg 2009, 31) und der für Kinder der dritten und vierten Klasse zu hohen Komplexität, nicht eingegangen.

Der erste Teilaspekt *Teil vom Ganzen* ist nach Padberg in zwei Grundvorstellungen zu unterteilen, die für den Bruchzahlaspekt fundamental sind: „Teil eines Ganzen“ und „Teil mehrerer Ganzer“.

Die erste Grundvorstellung „Teil eines Ganzen“ meint gleich große Teilstücke eines Ganzen. Für diesen Teilaspekt werden oftmals Pizzadarstellungen gewählt, aber auch

Rechtecksformen finden sich für diesen Teilaspekt als mögliche Darstellungsform wieder. „Offensichtlich lässt sich auf dieser enaktiven bzw. ikonischen Ebene gut ein *handlungsnahes* Verständnis der *ersten* Grundvorstellung erzielen. Neben Strecken, Streifen und Kreisen sollten hierbei auch *Rechtecke* benutzt werden" (Padberg 2009, 35). Bruner u.a. (1971) beschrieben diese drei Ebenen aus einer psychologischen Sichtweise. Für Kinder gibt es enaktive (Handlung), ikonische (bildliche Darstellung) und symbolische (Sprache) Darstellungen, die unabhängig voneinander sind. Zugleich gibt es die Möglichkeit zwischen den einzelnen Medien zu übersetzten (vgl. Bruner u.a. 1971).

Mathematikdidaktisch kann hier auch auf den Aspekt der Zahlauffassung und Zahldarstellung eingegangen werden, die eine andere Art der Interpretation dieser Ebenen Bruners darstellen. Während Zahlauffassung mit der symbolischen Ebene einhergeht, ist Zahldarstellung mit einer ikonischen Ebene gleichzusetzten.

Die zweite Grundvorstellung „Teil mehrerer Ganzer" sieht Padberg als schwierigere Grundvorstellung, weil Schüler hier erkennen müssen, dass „mehrere Ganze (z.B. 3 Riegel oder 2 Waffeln) zusammen das *neue Ganze* bilden" (Padberg 2009, 36). Vorstellbar ist hierfür eine Situation, in der mehrere Objekte (Pizzen, Sandwiches etc.) an verschiedene Personen verteilt werden und ein derartiges Stück liegt nun vor einer Person. Dazu muss die Person jetzt den Zusammenhang zu allen Objekten und nicht mehr zu einem Objekt erkennen.

Ein für Padberg weiterer wichtiger Aspekt ist der Maßzahlaspekt. Hierbei werden Brüche als Bezeichnungen von Größen angegeben. Padberg nennt diese Brüche deswegen auch *konkrete Brüche*. Der Vorteil bei dieser Art von Brüchen liegt Padberg zufolge in der Alltagsgegenwart. Kinder können sehr gut auf Vorkenntnisse zurückgreifen (vgl. Padberg 2009, 14). Seiner Meinung nach stellt dieser Teilaspekt die größte Rolle im Leben der Schüler dar.

Der Operatoraspekt wird als Beschreibung von Größen in multiplikativer Handlungsweise benutzt. Ein Beispiel dafür ist das Geben eines Drittels von zwölf Äpfeln oder die Ausschenkung der Hälfte von einem Liter Milch. Padberg sieht eine hohe Bedeutsamkeit für den Multiplikationsprozess und verknüpft den Operatoraspekt eng an den Maßzahlaspekt aufgrund der vorhandenen Größen, die bei diesem Teilaspekt Einsatz finden. Der Autor nimmt allerdings für den Operatoraspekt mehrere Nachteile wie zum Beispiel dem nicht vorhandenen Anknüpfungspunkt an Vorerfahrungen der Schüler mit Bruchzahlen wahr.

Der vierte Aspekt bei Padberg ist der Verhältnisaspekt. Als Beispiel führt er eine Perlenkette mit schwarzen und weißen Perlen an. Während zwei aufeinanderfolgende Perlen weiß sind, ist eine von drei Perlen schwarz. Somit erhält man ein Drittel schwarze Perlen und zwei Drittel weiße Perlen (vgl. Padberg 2009, 30). Padberg sieht im Verhältnisaspekt entgegen anderer Forscher (z.B. Streefland) zwar einen wichtigen Teil eines anwendungsorientierten Bruchzahlbegriffs, allerdings zweifelt er an der Tragfähigkeit für den Aufbau der Bruchrechnung.

2.2 Bruchzahlaspekte nach Wartha

Wartha unterscheidet drei Grundvorstellungen für die Begriffsbildung der Bruchzahlaspekte. So werden (1) Anteilsvorstellungen, (2) Operatorvorstellungen und (3) Verhältnisvorstellungen als Grundvorstellungen unterschieden (vgl. Wartha 2007, 48).

Die Grundvorstellung „Bruch als Anteil“ sieht Wartha meist in Alltagskontexten gegeben. So wird ein dreiviertel Kuchen als ein Kuchen gesehen, der in vier gleich große Teile geteilt wird, wovon drei Teile betrachtet werden. Wartha weist auf die Möglichkeit hin, diesen Aspekt an konkreten Alltagsgegenständen (Pizza) oder abstrakter an Größen zu veranschaulichen (vgl. Wartha 2007, 49). Aus Warthas Sicht wird der Anteilsaspekt eng mit dem Maßzahlaspekt verknüpft. Hierbei wird die Bruchzahl als Bezeichnung einer festen Größe genutzt. Somit gehen Maßzahlen immer mit Größen einher, werden aber in der Behandlungsweise wie Anteile verwendet. Wartha geht demnach davon aus, dass ein inhaltliches Verständnis für den Maßzahlaspekt als Anteilsvorstellung maßgebend ist. Weiterhin betrachtet er für den quasikardinalen Aspekt, auf den aufgrund fehlender Relevanz für die eigene Studie nicht weiter eingegangen werden soll, auch eine „Aktivierung als Anteilsvorstellung [als] naheliegend“ (Wartha 2007, 51). Außerdem sei der Skalenwertaspekt, der beispielsweise bei einer Tankanzeige eines Autos auftaucht, eng verknüpft mit einer symbolischen Darstellung eines konkreten Anteils, der auch eine Verbindung zum Anteilsaspekt erkennen lässt.

Die zweite Grundvorstellung „Bruch als Operator“ wird als „von-Kontext“ beschrieben. Ein Bruch wird in diesem Zusammenhang nicht als Anteil, sondern als Operation beschrieben.

Warthas dritte Grundvorstellung „Bruch als Verhältnis“ ist eher als „Bindeglied zum Inhaltsbereich der Proportionalität“ (Wartha 2007, 59) zu sehen und entgegen der Operator- und Anteilvorstellung nicht wesentlich für ein elementares Bruchzahlverständnis. Wartha unterscheidet grundsätzlich zwei Arten von Verhältnisangaben: Zum einen die Repräsentation der gleichen Art von Mengen oder Einheiten, zum anderen die Verbindung verschiedener Arten von Größen (z.B. m/s). Der Autor zeigt in einem eigenen Kapitel Vernetzungen und Unterschiede dieser drei Teilaspekte auf.

Während der Bruch als Anteil ein Ergebnis (Zustand) darstellt, wird beim Operatoraspekt eher eine Änderung („Von-Kontext") beschrieben. Es wird zwischen statischen (Anteil) und dynamischen (Operator) Aspekten unterschieden (vgl. Wartha 2007, 64). Zusammenfassend sagt Wartha, dass Bruchzahlen erst verstanden werden, wenn diese Grundvorstellungen vollkommen aktiviert und verstanden wurden. Allerdings sei ein Arbeiten mit den Operationen bei der Beherrschung der Regeln grundsätzlich möglich.

2.3 Vergleich und Relevanz für die eigene Studie

Diese zwei exemplarischen Ansichten zu einem elementaren Bruchzahlverständnis zeigen viele Ähnlichkeiten, aber auch durchaus einige Unterschiede.
Eine erste Auffälligkeit ist hinsichtlich der Anzahl der Bruchzahlaspekte zu erkennen. Während Padberg mit acht Bruchzahlaspekten aufwartet, differenziert Wartha lediglich in drei Grundvorstellungen und ordnet diesen die Bruchzahlaspekte einiger anderer Autoren zu

Tabelle: Bruchzahlaspekte und Grundvorstellungen(*) nach Sicht beider Autoren

Wartha (2007)	Padberg (2009)
Anteil (*)	Teil eines Ganzen (*) Teil mehrerer Ganzer (*) Skalenwert Quasikardinalität Maßzahl (konkreter Bruch)
Operator (*)	Operator
Verhältnis (*)	Verhältnis

Um ein Verständnis der jeweiligen Einordnung der Bruchzahlaspekte zu bekommen, muss man sich fragen, wie die beiden Autoren Grundvorstellungen verstehen. Wartha bezieht sich mit seinem Verständnis von Grundvorstellungen auf die Arbeit von Rudolf vom Hofe (1995) mit dem Titel „Grundvorstellungen mathematischer Inhalte". Ausgangspunkt ist der mentale Prozess der Übersetzung von reale auf mathematische Situationen (und umgekehrt). Grundvorstellungen werden in zwei Aspekten gebraucht: Der *normative* Aspekt beschreibt die Grundvorstellungen als didaktische Leitlinien, die Schüler im Lernprozess ausbilden sollen. Dieser Aspekt ist eher als theoretischer Hintergrund und als sachanalytische Sichtweise des Lehrers zu sehen. Der *deskriptive*

Aspekt ist die Grundvorstellung, die Schüler dann tatsächlich ausbilden. Deskriptive Grundvorstellungsaspekte lassen sich über empirische Studien erheben und sollen Lösungswege der Kinder erkennen lassen (vgl. vom Hofe 1995, 117). Grundvorstellungen haben eine wechselseitige Wirkung und lassen sich gut als mentale Werkzeuge zur Übersetzung in andere Darstellungsmodi beschreiben.
Padberg hingegen beschreibt keine tiefere Begriffsdefinition für Grundvorstellungen. Grundvorstellungen sind für ihn lediglich Teilaspekte von Bruchzahlen mit denen man ein elementares Bruchzahlverständnis erlangt. Somit lassen sich Padbergs Bruchzahlaspekte eher einer normativen Ansicht zuordnen. Gerade aus den einzelnen Bruchzahlaspekten ist es schwierig Lösungswege der Kinder empirisch zu verifizieren. Während Padberg die Aspekte „Teil eines Ganzen" und „Teil mehrerer Ganzer" als grundlegend für das Verständnis sieht, unterscheidet Wartha seine drei Grundvorstellungen in „Anteil", „Operator" und „Verhältnis", wenngleich er das Verhältnis „eher als Bindeglied zum Inhaltsbereich der Proportionalität" (Wartha 2009, 59) sieht. Diese Ansicht teilt Padberg und zitiert bei seinen Ausführungen zum Verhältnisaspekt die Meinung Warthas. Für Wartha gehören Padbergs Grundvorstellungen „Teil eines Ganzen" und „Teil mehrere Ganzer" beide zur gleichen Anteilsvorstellung. Zwar sind beide Vorstellungen auf den ersten Blick verschieden, insgesamt komme man aber über beide Vorstellungen zum gleichen Ergebnis und erhalte eine Gleichwertigkeit beider, auch wenn dies für Kinder im ersten Moment nicht trivial ist. So erhält man beim Teilen eines Papierstückes in vier Teile, von dem drei Teile genommen werden, das gleiche beim Verdreifachen eines Papiers und anschließendem Teilen durch vier. (vgl. Padberg (2009), S. 38) Somit lässt sich für Wartha aus dieser Gleichwertigkeit keine neue Grundvorstellung, sondern ein Teilaspekt der Anteilsvorstellung ableiten. Die Grundvorstellung als Anteil (Wartha) umfasst die vier verschiedenen Aspekte (siehe Tabelle). Teil eines Ganzen und Teil mehrerer Ganzer wird bei Padberg als ein Aspekt gesehen. Wartha sieht beispielsweise den Maßzahlaspekt als eine Anteilsvorstellung, da für die Aktivierung einer Maßzahl wie ein Viertel Meter auch immer eine Anteilsvorstellung benötigt wird. Die Handlung und das Verständnis geschehen kongruent (vgl. Wartha 2007, 49). Aus diesem Grund sieht Wartha u.a. den Maßzahlaspekt als Teil der Grundvorstellung „Anteil". Auch der quasikardinale Aspekt und Skalenwertaspekt von Padberg fallen bei ihm in diese erste Grundvorstellung, da auch hier die Aktivierung der Anteilsvorstellung nahe liegt. Die Teilaspekte Padbergs „Quotient" und „Lösung einer linearen Gleichung" werden bei Wartha im Bereich Operation mit Brüchen vertieft und nicht als Grundvorstellung, sondern als algebraisch-technische Interpretation (vgl. Wartha 2009, 59) gesehen. Diese Vorstellungen sollen aber aufgrund des fehlenden Grundschulbezugs in diesem Vergleich nicht weiter behandelt werden. Ein weiterer Unterschied der beiden

Autoren liegt in der Gewichtigkeit des Operatoraspektes. Während Padberg nur einen Zusammenhang zwischen Maßzahlaspekt und Operatoraspekt sieht, benutzt Wartha den Begriff Grundvorstellung für den Operatoraspekt. Für Wartha lässt sich der Operatoraspekt nicht als Anteils-Vorstellung aktivieren, sondern als Operatoren, die sich auf andere Einheiten beziehen („Von-Kontext“). Als Beispielaufgabe dient die Aufgabe $\frac{3}{4}$ von 12m. Hierbei ist $\frac{3}{4}$ der Operator der Aufgabe. Dies stellt eine andere Vorstellung dar als die Anteilsvorstellung und muss somit als eigene Grundvorstellung verstanden werden. Auch Wartha verknüpft und vernetzt den Operatoraspekt mit Maßzahl- und Verhältnisaspekt. Dies ist schon allein deswegen der Fall, weil Grundvorstellungen nach Wartha (2007) flexibel sind und einander bedingen. Insgesamt sehen beide Autoren ein Überlappen der einzelnen Aspekte und erklären unisono, dass für den Aufbau eines elementaren Bruchzahlverständnisses ein Zusammenspiel der einzelnen Teilaspekte von Nöten ist.

Insofern lässt sich bei Wartha eine Verallgemeinerung der einzelnen Bruchzahlaspekte von Padberg in flexible Grundvorstellungen wiederfinden. Wartha widerspricht Padbergs Bruchzahlaspekten nicht, teilt sie aber in verschiedene Grundvorstellungen ein. Zwar finden sich Unterschiede hinsichtlich der Betrachtungsweisen, es lässt sich aber für mich keine Wertung pro einer der beiden Autoren vornehmen. Meiner Meinung nach lässt sich durch die Einordnung der Bruchzahlaspekte von Padberg in die Grundvorstellungen von Wartha ein umfassender Überblick über ein elementares Bruchzahlverständnis erreichen. So widersprechen sich beide Autoren nicht, wenngleich Wartha durch seine Definition der Grundvorstellungen einen deutlich fundierteren Hintergrund über das empirische Bruchzahlverständnis bereitstellt als Padberg, der eher viele verschiedene Teilaspekte aufzeigt und erläutert. Für meine Studie werde ich mich auf die Einordnung in die drei Grundvorstellungen nach Wartha, die einen besseren Überblick für ein elementares Bruchzahlverständnis bieten, stützen, aber auch einzelne Bruchzahlaspekte von Padberg an gegebener Stelle einbeziehen, wenn auf Teilaspekte der Grundvorstellungen Bezug genommen werden soll.

3. Studien zum Bruchzahlverständnis

Im Folgenden werden einige Studien zum Bruchzahlverständnis vorgestellt und hinsichtlich einzelner Grundvorstellungen nach Wartha gegliedert.

Dabei werden Ergebnisse zu den Alltagsbrüchen $\frac{1}{2}$ und $\frac{1}{4}$ gesondert beschrieben. Außerdem wird auf Studien, die das Erweitern und Kürzen behandeln, in einem eigenen Unterkapitel eingegangen. Insbesondere aus der Gleichwertigkeit von verschiedenen

Brüchen lassen sich Schlüsse zu einem elementaren Bruchzahlverständnis ziehen. Der Prozess, dass eine Bruchzahl auf verschiedene Weisen dargestellt werden kann, zeugt von einem elementaren Bruchzahlverständnis (vgl. Malle 2004). Wartha geht noch weiter, indem er das Erweitern und Kürzen als wichtiges Konzept in der Mathematik allgemein bezeichnet: „Die Äquivalenz von Brüchen ist nicht nur für den Aufbau adäquater Vorstellungen zum Bruchzahlbegriff sowie zu den Operationen mit Brüchen von Bedeutung, sondern stellt ein wichtiges Konzept mathematischer Grundkenntnisse dar“ (Wartha 2007, 67). Auch für mich ist das Verstehen der Äquivalenz mehrerer Brüche ein guter Indikator für ein elementares Bruchzahlverständnis. Daher werde ich auch auf den Äquivalenzaspekt des Erweiterns und Kürzens sowohl in der Darstellung der ausgewählten Studien als auch in meiner empirischen Studie eingehen. Insgesamt wird der Fokus nicht auf eine umfassende Darstellung aller Studien gelegt, sondern nur auf eine Vorstellung der Gesichtspunkte, die auch in der eigenen empirischen Studie von Bedeutung sind. Zugleich lassen sich viele Studien nicht direkt in die Grundvorstellungen einordnen, so dass es unumgänglich ist, Studien zu separieren und hinsichtlich ihrer Grundvorstellungen zu beschreiben. Dementsprechend tauchen teilweise empirische Studien mehrfach unter anderen Gesichtspunkten auf.

3.1. Studien zu Grundvorstellungen als Anteil

3.1.1. Allgemeine Studien zur Anteilsvorstellung

Altevogt, Lager und Viet (1995) haben in ihrer Studie unter anderem den Maßzahlaspekt und Anteilsaspekt von Brüchen untersucht. Hauptziel ihrer Untersuchung war es, die Vorstellungen von Kindern der zweiten bis vierten Klasse von den im Alltag vorkommenden Brüchen zu ermitteln. Dazu wählten die Autoren schriftliche Tests und Interviews in allen Altersklassen mit unterschiedlichen Aufgabentypen. Bei den Anteilsaufgaben nutzten die Autoren Aufgaben im Sinne des „Von-Kontextes“, die sicherlich eher dem Operatoraspekt entsprechen (vgl. Wartha 2009). Unter dem Unterpunkt „Erkennen und Darstellen von Brüchen“ wurden zusammenhängende und nicht zusammenhängende Figuren von Brüchen dargestellt. Von diesen Figuren sollte der Anteil an gefärbten Kästchen als Bruch erläutert werden. Außerdem wurden Figuren gezeigt von denen die Schüler einen als Bruch angegeben Teil der Figur erklären sollten. Hierzu wurden den Kindern Aufgaben in Rechtecks- und Kreisform präsentiert.

Bei Rottmann (2006) werden solche Figuren als verschiedene Quantitäten benannt. Er unterscheidet zwischen kontinuierlichen, diskreten und gemischten Quantitäten (vgl. Rottmann 2006, 58). Während kontinuierliche Quantitäten eine Menge sind, die sich

nicht aus verschiedenen Untereinheiten zusammenfassen lassen (bspw. Kreisdarstellung), sind diskrete Quantitäten als Mengen oder Zahlen mit Untereinheiten (bspw. Murmeln) zu sehen. Gemischte Quantitäten sind für Rottmann diejenigen Quantitäten, die je nach Sichtweise des Kindes sowohl als kontinuierliche als auch als diskrete Quantität interpretiert werden können.
Weiterhin wurde in der Studie von Altevogt u.a. (1995) Kindern die in der Literatur durchaus bekannte Verteilaufgabe gestellt, Pizzen an Kinder zu verteilen (vgl. Streefland 1991, Lamon 1996, Charles/Nason 2000). Auch diese Aufgabe kann in die Grundvorstellung als Anteil eingeordnet werden. Es wurde festgestellt, dass bei allen Aufgabentypen die Brüche $\frac{1}{2}$ und $\frac{1}{4}$ von Kindern besser bearbeitet worden sind. Verallgemeinerungen auf andere Brüche können die Kinder hingegen kaum leisten. Die Pizzenaufgabe war für wenige Kinder zu lösen. Häufig wurden bei mehreren Pizzen lediglich die Pizzen einzeln geteilt, aber nicht mehr als Bruch dargestellt.
Die Autoren fordern als Konsequenz ihrer Ergebnisse die Behandlung von Bruchvorstellungen schon in der Grundschule, damit sich keine Fehlvorstellungen verfestigen, die sich in der weiterführenden Schule negativ auswirken könnten.

Weitere Studien, die Unterschiede zwischen diskreten und kontinuierlichen Objekten behandeln, sind beispielsweise bei Lamon (1996) oder Charles/Nason (2000) zu finden. In diesen Studien wird der Fokus auf Verteilungsstrategien von Schülern in noch jüngeren Jahren gerichtet und ihre Strategien in diverse Kategorien eingeordnet, auf die hier nicht explizit eingegangen werden soll, weil dies den Rahmen der Arbeit überschreiten würde.

Watson u.a. (1999) haben Kindern von der Vorschule bis zur vierten Klasse Aufgaben zu diskreten und kontinuierlichen Quanitäten gestellt. Lösungen der Kinder werden hierbei in ein sogenanntes SOLO-Modell eingeordnet, welches fünf verschiedene (sensumotorische, ikonische, konkret-symbolische, formale oder post-formale) Stadien beschreibt. Auf eine genaue Beschreibung des SOLO-Modells wird an dieser Stelle verzichtet, weil dies nicht der Hauptanspruch der Arbeit ist und die formalen Grenzen überschritten werden würden. In der Aufgabenstellung sollen die Kinder den Pfannkuchen gerecht auf drei Personen verteilen. Die zweite Aufgabe besteht darin, einen Sack Murmeln zu verteilen. Die Testpersonen erhalten dafür einen Sack Murmeln und bekommen Besuch von drei weiteren Personen, an die die Murmeln ausgegeben werden sollen. Die erste Person bekommt die Hälfte der Murmeln, während die zweite Person noch ein Drittel erhält. Diese Probleme lassen sich nicht in die Grundvorstellung des Anteils einordnen.

Watson u.a. sortierten nun die Antworten der Schüler in die vorgegebenen Einheiten des SOLO-Modells ein und unterscheiden zwischen ikonischen und symbolischen Schülerlösungen. Anzumerken ist bei einer solchen Vorgehensweise, dass zumindest hinterfragt werden müsse, ob immer alle Lösungsmöglichkeiten zu einer Kategorie passen, die schon im Vorfeld erstellt wurde. Rottmann (2006) fügt in seiner Beobachtung weiterhin dazu an, dass teilweise Kinder anscheinend willkürlich in die Stadien eingeordnet worden seien (vgl. Rottmann 2006, 54f.).
Eine Schlussfolgerung der Autoren aus ihrer Studie ist der bestehende Unterschied zwischen diskreten und kontinuierlichen Objekten. Während bei diskreten Modellen die Anzahl entscheidend für ein gerechtes Verteilen sei, sei bei kontinuierlichen Modellen die Anzahl am Ganzen und nicht die Zahl selber entscheidend. Auch in meiner Studie kommen diskrete (Äpfel) und kontinuierliche (Pizzen/Kreise) Figuren vor, so dass ich, trotz der Kritik an der Einordnung der Kinder in das SOLO-Modell, Strategien der Kinder mit Strategien in dieser Studie vergleichen kann.

Wartha/Güse (2009) untersuchten in Feldstudien mit 45 Sechstklässlern einer Hauptschule in Ostwestfalen Zusammenhänge zwischen Grundvorstellungen von Bruchzahlen und arithmetischem Grundwissen. Ein Teilaspekt war die Grundvorstellung als Anteil, die mit einer Kreisdarstellung überprüft wurde. Bei dieser Aufgabe sollte ein Übergang von einer ikonischen zu einer symbolischen Darstellungsform stattfinden. Lediglich ein Drittel der Schüler löste die Aufgabe richtig. Wartha/Güse schlossen daraus, dass nur bei einem Drittel die Grundvorstellung als Anteil aktiviert werden könne und sahen Defizite in beiden Richtungen der Übersetzungen zwischen symbolischen und ikonischen Darstellungen (vgl. Wartha&Güse 2009).

Auch Ebneth u.a. (1990) führten Aufgaben zum Anteilsaspekt in Klassen der Jahrgangsstufe 9 durch. Die Autoren schlussfolgerten aus ihrer Untersuchung, dass sich beim Kreismodell für einige Bruchzahlen vielfach feste Vorstellungen als Tortenstücke bildeten, die für einen Umgang in Rechtecks- oder Streckendarstellungen hinderlich seien.

Neumann (1997) untersuchte die beiden Grundvorstellungen nach Padberg und verglich diese miteinander. Außerdem durchleuchtete er den Maßzahlaspekt auf bestimmte Merkmale (Schülerfehler, korrekte Größenvorstellungen). Seine empirische Studie besteht aus einem schriftlichen Test und Einzelinterviews. Der schriftliche Test umfasste 44 Aufgaben, die in einer Zeitstunde gelöst werden sollten. Diese große Anzahl der Aufgaben könnte meiner Ansicht nach zu einem Konzentrationsverlust bei den Schü-

lern führen, obwohl teilweise Multiple-Choice-Aufgaben eingebunden wurden. Zwar befindet sich der Test mit einer Zeitstunde in einem gewissen zumutbaren Rahmen, die Anzahl der Aufgaben könnten jedoch demotivierend wirken, so dass Ergebnisse verfälscht worden sein könnten.
Durchgeführt wurde die Untersuchung mit 18 Gesamtschulklassen des siebten Schuljahres in Nordrhein-Westfalen. 411 Schüler nahmen an dem Test teil, während 28 davon zusätzlich interviewt wurden. Neumann verweist in seinen Ergebnissen auf die gering ausgeprägten Vorstellungen der ersten und zweiten Grundvorstellung nach Padberg. Weiterhin stellt er fest, dass Schüler, die keine oder nur die zweite Grundvorstellung nach Padberg besitzen, Aufgaben des Maßzahlaspektes schlechter lösen können (vgl. Neumann 2007, 282). Darüber hinaus stellt Neumann fest, dass diskrete Kontinuitäten auf der ikonischen Ebene leichter zu lösen seien als kontinuierliche.

3.1.2. Studien zum Maßzahlaspekt

In der Studie von Altevogt u.a. (1995) wurden bei den Maßzahlaspekten Aufgaben zur Umrechnung von Größen in kleinere Einheiten ausgewählt. Auffälligstes Ergebnis dieser empirischen Studie war, dass bei Größenaufgaben vor allem die Art der gewählten Größe entscheidend war (vgl. Altevogt u.a. 1995, 9). Eine weitere Folgerung der Interviews ist, dass zwar Größen umgerechnet werden könnten, diese aber teilweise so fest mit natürlichen Zahlen verbunden seien ($\frac{1}{2}$km = 500m), dass diese Angaben mit anderen Brüchen oder natürlichen Zahlen nicht in Zusammenhang gesetzt werden könnten. Andere Fehler im Umgang mit dem Maßzahlaspekt seien in der Vorstellung begründet, dass Umrechnungen einfach übernommen werden. „3/4 m = 45 m (in Anlehnung an das Ziffernblatt einer Uhr) $\frac{3}{4}$ m = 3,25 m (in Anlehnung an das Metermaß)“ (Altevogt u.a. 1995, 9f.).

Padberg (2002) untersuchte einzelne Bruchzahlen unter verschiedenen Aspekten. Dabei fand auch der Maßzahlaspekt Anwendung. Zu seinen Studienergebnissen zählt die Erkenntnis, dass Schüler die Aufgaben mit einem Zeitanteil deutlich besser lösen könnten als Aufgaben mit Längeneinheiten. Dies begründet er durch umfangreiche Alltagserfahrungen, die bei vertrauten Zeitangaben noch deutlicher zu sehen seien (vgl. Padberg 2002, 113).

3.2. Studien zu Grundvorstellungen als Operator

Die Untersuchung von Altevogt u.a. (1995) zum Anteilsaspekt kann, wie schon erwähnt, eher dem Operatoraspekt nach Wartha zugeschrieben werden. Die Aufgaben, die in dieser Studie hierzu ausgewählt wurden, sind im Zusammenhang mit dem „Von-Kontext" zu verstehen und als Operatorvorstellung zu interpretieren. Zwar wird in den Aufgaben hinsichtlich des dritten oder vierten Teils variiert, allerdings stehen diese Operationen im gleichen Zusammenhang wie $\frac{1}{3}$ von 15 oder $\frac{1}{4}$von 20. Dementsprechend werden die Ergebnisse in dieser Rubrik vorgestellt.
Viele Kinder haben den „Von-Kontext" als Situation vor Augen, die eine Arbeit mit der Rechenoperation der Subtraktion impliziert. Auch die Anlehnung an das Uhrenmodell tauchte in den Fällen wieder auf. So wurde der zehnte Teil von 60 als 50 erklärt, weil die Zahl 60 mit 12 Stunden auf dem Zeiger gleichgesetzt wurde. Die Ziffer Zehn war dann gleich 50 Minuten.

Neumann (1997) fragte in seiner Studie mit vier Aufgaben den Operatoraspekt ab. Er nutzte hierfür Strecken, Rechtecke (kontinuierlich) sowie Herzen und Gesichter. Bei den Brüchen wurde durchgehend auf Stammbrüche und Alltagsbrüche verzichtet. Ziel seiner Aufgaben war es herauszufinden, inwieweit der „Von-Ansatz" bei Schülern bekannt ist und ob es typische/systematische Schülerfehler bei der Lösung gibt (vgl. Neumann 1997, 163). Neumann vergibt in seiner Auswertung für jede Aufgabe einen Punkt und schreibt denjenigen Schülern ein Beherrschen der Operatorvorstellung zu, die mehr als drei Punkte bei diesen Aufgaben erreicht haben.
Anhand von vier Aufgaben über eine Beherrschung der Operatorvorstellung zu sprechen, ist meiner Ansicht nach eine durchaus fragwürdige Angelegenheit. Außerdem erscheint Neumanns Auswahl der drei von vier Punkten als unbegründet und spekulativ gewählt.
Als Konsequenz seiner Auswertung schlussfolgert der Autor, dass es keine Rolle spiele, ob Operatoren bei der Einführung gemeiner Brüche verwendet wurden.
Als systematische Fehler erkennt Neumann genau sechs Fehler („5 von 7"; Zähler mal Nenner; nur Zähler; Zähler plus Nenner; Verhältnis „5 zu 7"; nur Nenner). Der am meisten gemachte systematische Fehler war „5 von 7", den drei Prozent der Gesamtheit der Schüler begingen.

3.3. Studien zu Alltagsbrüchen

Padberg untersuchte 2002 anschauliche Vorerfahrungen zum Bruchzahlbegriff zu Beginn der sechsten Klasse. Sein Ziel war die Überprüfung, ob sich Vorerfahrungen zum Bruchzahlbegriff auf Alltagsbrüche ($\frac{1}{2}$oder $\frac{1}{4}$) beschränken oder ob schon zu weiteren Stammbrüchen (wie $\frac{1}{6}$)Vorerfahrungen vorhanden seien. Aber auch weitere Brüche wie $\frac{2}{3}$oder $\frac{3}{4}$ wurden von Padberg untersucht. Für seine Studie wurden sechs Klassen von drei verschiedenen Realschulen in Ostwestfalen mit insgesamt 157 Schülern untersucht. Dazu nutzte Padberg einen schriftlichen Test, den er vor Behandlung der Bruchrechnung in den Klassen durchführte. Nach der Auswertung dieser Tests wurden weitere 23 Interviews auf Grundlage der Testaufgaben geführt.

Da Padberg gute Vorkenntnisse zu den Brüchen $\frac{1}{2}$ erwartete, wurden nur zwei Aufgaben in diesem Zusammenhang gestellt. In einer Aufgabe sollte in der Mitte einer Strecke von Null bis Eins der Bruch eingetragen werden. Die andere Aufgabe wurde in seinem Beitrag leider nicht dargestellt. Für den Bruch $\frac{1}{4}$ wurden Aufgaben zur Größenumrechnung (Maßzahlaspekt), Skalenwertaspekt (Ein Viertel einer Strecke) und zwei Aufgaben zum Operatoraspekt gestellt. Die Aufgaben zu den weiteren Bruchzahlen werden von mir nicht weiter ausgeführt, sondern lediglich Padbergs Schlussfolgerungen aus seiner Studie dargestellt. Der Autor sieht die Vorkenntnisse der Kinder höchstens bei $\frac{1}{2}$ und mit Abstrichen bei $\frac{1}{4}$ als gegeben an.

Kritisch sei aus meiner Sicht anzumerken, dass Padberg sich gerade bei seinen Ausführungen zu dem Bruch $\frac{1}{2}$ nicht auf Ergebnisse aus seiner Studie beruft und diese Aussage nicht belegt. Dass er nur zwei Aufgaben zur Bruchzahl $\frac{1}{2}$ stellt, unterstreicht, dass er für diesen Bruch die Vorkenntnisse sehr hoch einschätzt. Diese Vorgehensweise und die Ergebnisse der einen dargelegten Aufgabe (die andere wird nicht vorgestellt) sind für mich nicht als Beleg für gute Kenntnisse ausreichend. Grundsätzlich erscheint seine Behauptung allerdings durchaus zutreffend (vgl. Wartha 2007, Malle 2004, Hasemann 1997, Padberg 2009, Altevogt u.a. 1995, Hasemann 1986).

Vorkenntnisse zu den Stammbrüchen zu $\frac{1}{3}$ und $\frac{1}{6}$ sind als sehr gering anzusehen (vgl. Padberg 2002, S. 116) und erzeugen bei Padberg Verwunderung, „(...); denn bei Stammbrüchen 1/n bedeutet die erste Grundvorstellung speziell nur: Teile die gegebene Größe (die Einheit) in n gleichgroße Teile und nimm einen Teil hiervon“ (Padberg

2002, 116). Erfolge bei $\frac{1}{4}$ sieht Padberg nicht aufgrund von allgemeinen Vorstellungen, sondern als Sonderfall „die Hälfte von der Hälfte“ (Padberg 2002, S. 118).
Weitere Brüche wie $\frac{3}{4}$ oder $\frac{2}{3}$ erzeugen bei den Schülern noch größere Probleme und Schwierigkeiten. Grundvorstellungen nach Padberg seien hier kaum vorhanden.
Insgesamt sieht Padberg bei Schülern der sechsten Klasse wenige Vorerfahrungen zu einem Bruchzahlverständnis.

3.4. Studie zum Erweitern und Kürzen

Padberg (2002) hat in seiner empirischen Untersuchung (s.o.) auch Äquivalenzen von gleichwertigen Brüchen untersucht. Dabei hat er zwischen verschiedenen Brüchen und verschieden Darstellungen (Pizzen, Rechtecke) variiert. Die höchsten Erfolge wurden bei der Gleichwertigkeit im Fall $\frac{1}{2}$ festgestellt. 40 % der Schüler lösten diese Aufgabe richtig.
Padberg fällt weiterhin auf, dass bei der Bruchzahl $\frac{3}{4}$ das Rechteckmodell als kontinuierliche Quantität bessere Erfolge aufweist als eine diskrete Darstellung in der Bruchteilbestimmung von Anteilen (vgl. Padberg 2002, 115).

4. Behandlung von Brüchen in der Grundschule

4.1 Verankerung im Lehrplan

Wenn nach einem elementaren Vorwissen zum Bruchzahlverständnis gefragt wird, so muss auch geschaut werden inwiefern Lehrpläne und Schulbücher auf Bruchzahlaspekte und ein elementares Bruchzahlverständnis eingehen.
Der Lehrplan der Grundschule in Nordrhein-Westfalen unterscheidet seit der Kultusministerkonferenz 2003, zu deren Umsetzung sich alle Bundesländer verpflichtet haben, zwischen inhaltsbezogenen und prozessbezogenen Kompetenzen, die Schüler während ihrer Grundschulzeit entwickeln sollen.
Bruchzahlen tauchen in den Lehrplänen unter der inhaltsbezogenen Kompetenz „Größen und Messen“ und dem Schwerpunkt „Größenvorstellung und Umgang mit Größen“ auf. Als Kompetenzerwartung sollen Schüler am Ende der vierten Klasse im Alltag gebräuchliche Bruchzahlen bei Größenangaben nutzen und in kleinere Einheiten umwandeln können (vgl. Lehrplan Grundschule NRW 2003). Dieser Umgang mit Brüchen entspricht dem Maßzahlaspekt nach Padberg (vgl. Padberg 2009).

Ein weiterer Umgang mit Brüchen und Bruchzahlaspekten taucht im Kernlehrplan der Grundschule nicht auf.

4.2 Schulbuchanalyse

In Anbetracht der Kernlehrpläne werden im Folgenden ausgewählte deutsche Schulbücher der zweiten bis fünften Klasse nach Bruchzahlaspekten (Padberg 2009), welche den Grundvorstellungen eins und zwei von Wartha entsprechen, untersucht. Eine umfassende Analyse aller Schulbücher ist im Rahmen dieser Bachelorarbeit nicht zu bewerkstelligen. Weiterhin finden Schulbücher, in denen keine Brüche auftauchen, in dieser Bachelorarbeit keine Erwähnung. Es genügt im Rahmen dieser Bachelorarbeit die Aspekte Anteil, Maßzahlaspekt, Operatoraspekt und Verhältnisaspekt zu berücksichtigen, weil alle anderen Aspekte zum einen nicht Auftauchen und zum anderen zu komplex für Schüler der dritten und vierten Klasse sind (vgl. Lehrplan).
Es stellt sich die Frage, ob und inwiefern die Schulbücher auf den im Lehrplan auftauchenden Maßzahlaspekt eingehen und ob noch andere Bruchzahlaspekte eine Rolle in den Schulbüchern spielen, obwohl sie vom Lehrplan nicht gefordert werden. Weiterhin soll untersucht werden welche Brüche in den Büchern eine Rolle spielen. Begrenzen sich die Schulbücher ausschließlich auf Alltagsbrüche oder werden Stammbrüche oder sogar weitere konkrete Brüche thematisiert?

Der Maßzahlaspekt findet sich in fast allen ausgewählten Schulbüchern wieder. Vor allem die Größen Volumen, Gewicht und Längen werden hier mit Brüchen in Zusammenhang gesetzt. (Das Mathematikbuch 5, Das Zahlenbuch 4, Die Matheprofis 4, Leonardo 3, Mathematikus 4, Nussknacker 4, Welt der Zahl 4) wieder. Lediglich das Buch Mathetiger 4 stellt hier eine Ausnahme dar.

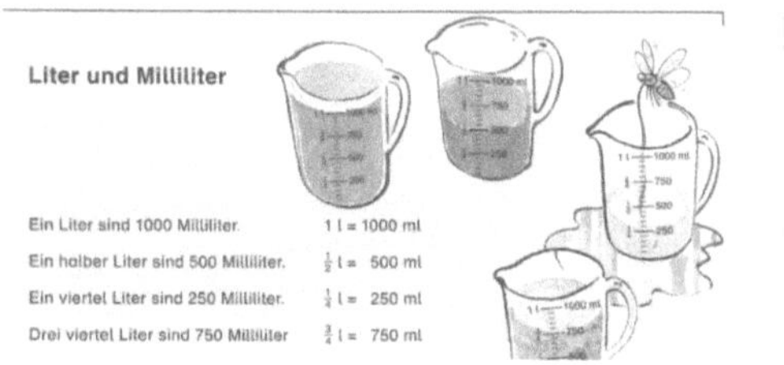

Abbildung 1 - Darstellung von Volumen (Leonardo 3)

Eine Behandlung des Maßzahlaspektes ist in allen Schulbüchern mit Alltags- und Stammbrüchen verbunden. Als Größen tauchen hier vor allem Volumen und Längen auf, aber auch Zeit und Gewicht finden in einigen Schulbüchern Verwendung.

Der Anteilaspekt wird in den Schulbüchern ebenfalls aufgegriffen (siehe Tabelle 2). Auffällig hierbei ist, dass in zwei der Bücher (Mathematikus 2 nutzt in einem Teil Rechteckdarstellung) die Darstellung als Pizza gewählt wird. Die Autoren versuchen damit offenbar einen Alltagsaspekt für die Bruchvorstellung zu nutzen.

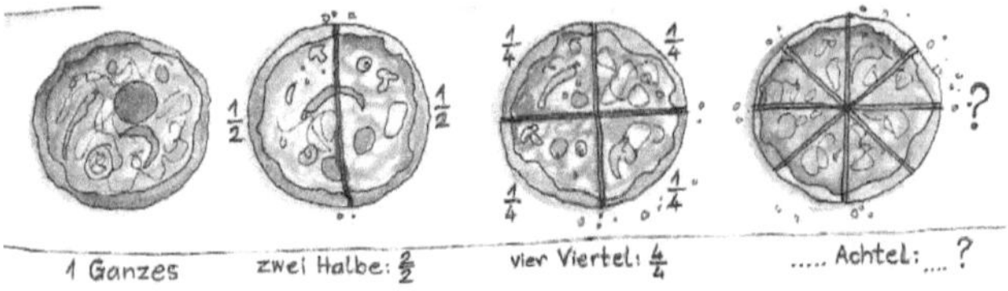

Abbildung 2 - Pizzendarstellung (Die Matheprofis 4)

Das Zahlenbuch hingegen arbeitet mit Länderflaggen. Somit wird in diesem Schulbuch eine bekannte Alltagsgröße auch als Rechteckform genutzt. Die Autoren verzichten hingegen auf Darstellungen als Pizza und nutzen einfache Kreise.

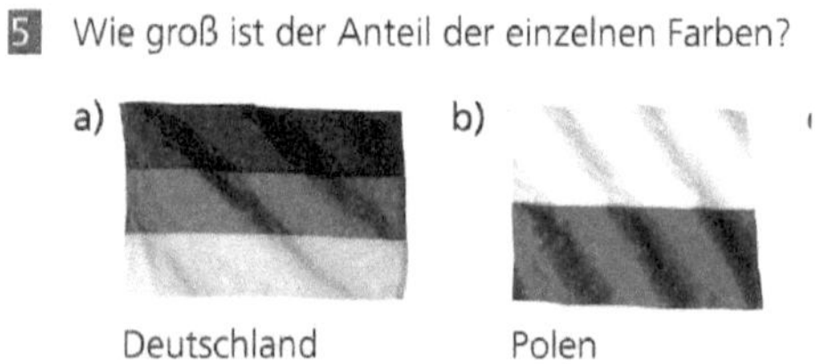

Abbildung 3 - Flaggen (Zahlenbuch 4)

Eine Vermutung hierfür ist, dass die Autoren glauben, dass Kreisdarstellungen ohne Alltagsaspekt für ein kindliches Bruchzahlverständnis ausreichen, während die nicht so übliche Rechteckdarstellung im Alltagszusammenhang dargestellt werden muss. Das Mathematikbuch 5, welches sicherlich schon höhere Ansprüche stellt, arbeitet hier ausschließlich mit Kreisdarstellungen ohne Alltagsbezug. Während Alltagsbrüche und Stammbrüche in dieser Darstellung benutzt werden, befinden sich weitere (andere) Brüche nur im Mathematikbuch 5.

Vier weitere Schulbücher hingegen, die Bruchzahlaspekte aufgreifen, behandeln den Bruchzahlaspekt „Teil vom Ganzen“ gar nicht.

Aspekt: Anteil	
Schulbuch	Ikonische Darstellung
Das Mathematikbuch 5	Kreis
Zahlenbuch 4	Kreise Flaggen
Die Matheprofis 4	Pizza

	Kreis
Mathematikus 2	Pizza (Rechteck / Kreis)
Mathetiger 4	Kreis Rechtecke Weitere Formen

Der Operatoraspekt ist nur in zwei Schulbüchern vorhanden. Welt der Zahl 4 verwendet Alltags- und Stammbrüche zur Aufgabe von das Doppelte und das Vierfache. In Nussknacker 4 befindet sich einzig eine Aufgabe mit dem Alltagsbruch $\frac{1}{4}$, die im Zusammenhang mit dem Operatoraspekt steht.

3 Wie viel ist das? Das Doppelte von a) $\frac{1}{8}$ l b) $\frac{1}{4}$ l c) $\frac{1}{2}$ l d) $\frac{3}{4}$ l

4 Wie viel ist das? Das Vierfache von a) $\frac{1}{8}$ l b) $\frac{1}{4}$ l c) $\frac{1}{2}$ l d) $\frac{3}{4}$ l

Abbildung 4 - Operatoraspekt in Welt der Zahl 4

Der Verhältnisaspekt kommt in keinem der ausgewählten Schulbücher vor und kann daher vernachlässigt werden.

4.3 Zusammenfassung

Schulbuch	Anteil	Maßzahl	Operator	Verhältnis
Das Mathematikbuch 5	Alltagsbrüche Stammbrüche weitere Brüche	Nein	Nein	Nein
Welt der Zahl 4	Nein	Alltagsbrüche Stammbrüche (Volumen)	Alltagsbrüche Stammbrüche	Nein
Zahlenbuch 4	Alltagsbrüche Stammbrüche	Alltagsbrüche Stammbrüche (Länge, Volumen, Zeit)	Nein	Nein
Die Matheprofis 4	Alltagsbrüche Stammbrüche	Alltagsbrüche Stammbrüche weitere Brüche (Gewicht, Länge,	Nein	Nein

		Zeit, Volumen)		
Leonardo 3	Nein	Alltagsbrüche Stammbrüche (Volumen)	Nein	Nein
Mathematikus 2	Alltagsbrüche	Nein	Nein	Nein
Mathematikus 4	Nein	Alltagsbrüche Stammbrüche (Volumen)	Nein	Nein
Mathetiger 4	Alltagsbrüche Stammbrüche weitere Brüche	Nein	Nein	Nein
Nussknacker 4	Nein	Alltagsbrüche Stammbrüche (Längen, Volumen)	Alltagsbruch (1/4)	Nein

Aus diesem Vergleich ausgewählter Schulbücher lassen sich mehrere Schlussfolgerungen ziehen:

1) Der Maßzahlaspekt findet die stärkste Relevanz in den ausgewählten Schulbüchern.
Wie in der Tabelle zu sehen, sind in fast allen Schulbüchern die Beschlüsse der Kultusministerkonferenz von 2004 aufgenommen und verwendet worden. So werden Alltagsbrüche und weitere Stammbrüche zur Bezeichnung von Größen wie Volumen, Längen, Zeit oder Gewicht genutzt.

2) Der Anteilaspekt findet sich in einigen Büchern wieder.
Einige Schulbücher nutzen den Bruchzahlaspekt „Anteil". Obwohl dies im Lehrplan in dieser Form nicht gefordert wird, aktivieren diese Schulbücher eine der Grundvorstellungen (vgl. Padberg 2009) zum elementaren Bruchzahlverständnis. Hierbei werden nicht nur Kreise und einfache Rechteckformen herangezogen, sondern auch Alltagsgrößen wie Pizzen oder Flaggen genutzt, um bei den Schülern ein besseres Verständnis für Bruchzahlen zu bewirken.

3) Operatoraspekt wird wenig genutzt.
Der Operatoraspekt wird lediglich in zwei der Schulbücher genutzt. In einem der beiden Schulbücher wird ausschließlich der Alltagsbruch $\frac{1}{4}$ für eine Operatoraufgabe genutzt.

Welt der Zahl 4 hingegen nutzt sowohl Alltagsbrüche als auch Stammbrüche, um auf den Operatoraspekt einzugehen. Diese Aufgabe wird für die Schüler nur symbolisch gestellt und nicht weiter verdeutlicht.

4) Der Verhältnisaspekt taucht in keinem der Bücher auf.
In keinem der Bücher tauchen Bruchzahlen im Zusammenhang mit dem Verhältnisaspekt auf.

5. Schlussfolgerungen für die eigene Studie

Für meine Studie können aus der Analyse zur Behandlung von Bruchzahlen in der Grundschule mehrere Schlussfolgerungen gezogen werden.
Eine Auffälligkeit ist, dass auf den Verhältnisaspekt in den Schulbüchern grundsätzlich nicht eingegangen wird, so dass auf eine Untersuchung auch innerhalb der eigenen empirischen Forschung verzichtet werden kann. Weiterhin sollen aber der Anteilsaspekt sowie der Maßzahlaspekt und Operatoraspekt aufgegriffen werden. Hierbei werden in allen Büchern im Zusammenhang mit Aufgaben die Alltagsbrüche $\frac{1}{2}$, $\frac{1}{4}$ sowie weitere Stammbrüche benutzt. Außerdem wird vereinzelt auf weitere Brüche eingegangen. Für jede Aufgabe sollen also möglichst viele verschiedene Brüche (Alltagsbrüche, Stammbrüche, weitere Brüche) ausgewählt werden.
In meiner Studie sollen außerdem Illustrationen in Anlehnung an die Darstellungsformen der Schulbücher des Anteilsaspektes genutzt werden. Dazu zählen ganz konkrete Bilder wie Pizzen, aber auch Darstellungen symbolischer Natur wie etwa Kreise und Rechteckformen.

6. Design der Studie

Nachdem eine ausführliche Behandlung von Bruchzahlaspekten nach Wartha und Padberg aufgezeigt und die Behandlung von Brüchen in der Grundschule dargestellt wurde, schließen sich nun Ziele und Leitfragen für meine empirische Studie an. Während der Großteil der Literatur Grundvorstellungen und Bruchzahlaspekte direkt vor der Behandlung in der sechsten Klasse untersucht (vgl. Wartha 2009, Padberg 2002, Padberg 1997, Hasemann 1993), soll es in meiner empirischen Studie um die noch nicht so stark in den Fokus geratenen Altersstufen am Ende der Grundschulzeit gehen (dritte und vierte Klasse).

6.1 Forschungsinteresse

Für meine Bachelorarbeit sollen mehrere Fragestellungen untersucht werden:
Lassen sich Forschungsergebnisse wie das bessere Verständnis von Alltagsbrüchen bei Kindern in der 5. Klasse (vgl. Padberg 2009) problemlos auf Grundschulkinder übertragen? Sind $\frac{1}{2}$ und $\frac{1}{4}$ auch für Kinder am Ende ihrer Grundschulzeit besser verständliche Brüche als andere Stammbrüche oder weitere Brüche? Können Stammbrüche und weitere Brüche von Kindern der Grundschule mithilfe eines elementaren Bruchzahlverständnisses gelöst werden?
Eine weitere Leitfrage steht im Zusammenhang mit den Grundvorstellungen von Wartha. Gibt es Grundvorstellungen und Bruchzahlaspekte, in denen die untersuchten Kinder bestimmte Brüche besser lösen können?
Außerdem konzentriere ich mich auf die Frage, ob eine Lösung von Aufgaben mit der Übersetzung von bestimmten Darstellungen in andere besser gelingt. Hier frage ich mich, ob Kinder Aufgaben beispielsweise von einer symbolischen Ebene in eine ikonische Ebene besser lösen können, als wenn der Weg gegensätzlich geschieht. Gibt es evtl. auch einen Zusammenhang zu den verwendeten ikonischen Darstellungen und der Güte der gelösten Aufgaben bei den untersuchten Kindern? Lassen sich Aufgaben anhand konkreter Gegenstände (Pizzen) besser lösen als anhand abstrakterer Darstellungen (Kreis-, Rechteckmodell)?

6.2 Rahmen

An meiner empirischen Studie nahmen acht Kinder aus einer Grundschule in Nordrhein-Westfalen teil. Vier Kinder kamen jeweils aus einer dritten Klasse und vier aus einer vierten Klasse. Bei der Auswahl der Kinder wurde Wert darauf gelegt, dass sowohl leistungsstarke als auch leistungsschwache Kinder der Klasse teilnahmen, um ein verfälschtes Bild von Leistungen zu verhindern. Da ich in der dritten Klasse im Rahmen meines Studiums ein Praktikum gemacht hatte, konnte ich diese Kinder aufgrund meiner Vorerfahrungen selbst aussuchen. Bei den Kindern der vierten Klasse habe ich mich auf die Erfahrungen der Klassenlehrerin gestützt. Gerade bei Bruchzahlen sind sprachliche Verständnisprobleme relativ hoch. Deswegen wurden ausschließlich Kinder mit deutscher Muttersprache ausgewählt, um in den Interviews diese Probleme auf ein Minimum zu reduzieren. Zu große sprachliche Probleme hätten die Interviews und die daraus resultierenden Testergebnisse deutlich verfälschen können.
Beide Schulklassen nutzen das Schulbuch Zahlenbuch.

Für die Interviews wurde die halbstandardisierte klinische Methode gewählt. Bei dieser Methode wird zwar ein Ablaufplan ausgearbeitet, dieser aber nicht bis ins Detail fixiert, so dass auf spezifische Aussagen eingegangen werden und in die jeweilige Richtung weitergearbeitet werden kann. Andererseits werden durch gleiche Aufgaben und festgelegte Leitfragen Aspekte der Vergleichbarkeit nicht übergangen: „Sie trägt sowohl der Unvorhersagbarkeit der Denkwege durch einen nicht im Detail vorherbestimmten Verlauf als auch dem Kriterium der Vergleichbarkeit durch verbindlich festgelegte Leitfragen bzw. Kernaufgaben Rechnung“ (Selter/Spiegel 1997, 101).
Entscheidender Ansatzpunkt für klinische Interviews ist nicht eine richtige Antwort, die wohlmöglich noch durch Hinführung des Interviewers geschieht, sondern das Festhalten von Gedankengängen der Kinder. Selter/Spiegel verweisen bei dieser Methode weiterhin darauf, dass negative Rückmeldungen seitens des Interviewers nicht enthalten sein sollen, um die Kinder nicht zu verunsichern. Positive Rückmeldungen hingegen sind möglich und bewirken keine Verunsicherung.
Die Interviews wurden mit einer Handycam aufgezeichnet, um im Nachhinein die entstandenen Dialoge besser festzuhalten und verarbeiten zu können. Sie wurden aus einer Perspektive von schräg oben aufgenommen, um „alle auf dem Tisch ausgeführten Handlungen oder Zeichnungen bzw. Niederschriften gut erkennen zu können“ (Selter/Spiegel 1997, 148).
Vor den Interviews wurde den Kindern in Gruppen- und Einzelgesprächen deutlich gemacht, dass es dem Interviewer nicht um falsche und richtige Lösungen der Aufgaben geht, sondern um ein Verständnis für individuelle Lösungsstrategien.
Weiterhin durften alle Kinder einmal durch die aufgestellte Kamera schauen, um ihnen so die Angst vor der ungewöhnlichen und für manche Kinder sicher auch unangenehmen Situation der filmischen Aufnahme zu nehmen. Insgesamt sollte eine angenehme Atmosphäre dafür sorgen, dass die Kinder ohne Hemmungen ihre Denkprozesse durchführen und erläutern und diese nicht durch Nebenschauplätze verfälscht werden.

6.3 Aufgabendesign

Für das Aufgabendesign wurden die Ziele der Fragestellung berücksichtigt, die in Kapitel 6.2 näher erläutert wurden.
Für die Aufgaben waren mehrere Punkte zu beachten, um Kinder auf ein elementares Bruchzahlverständnis zu überprüfen. Dazu wurde die Einteilung der ersten zwei Grundvorstellungen nach Wartha betrachtet. So sollten Aufgaben zum Bereich Anteil und Operatoraspekt ausgewählt werden. Um Aufgabenstellungen zu variieren, wurde auf die einzelnen Bruchzahlaspekte eingegangen, die auch in den verschiedenen

Schulbüchern genutzt wurden. Es taucht bei den Grundvorstellungen Bruch als Anteil der Maßzahlaspekt mit auf, während auch für die Grundvorstellung Bruch als Operator mehrere Aufgaben ausgewählt wurden. Eine weitere Kategorie bildet die Äquivalenz als Erweitern und Kürzen. Auch zu diesem Bereich wurden Aufgaben ausgewählt.

Für die Auswahl der Brüche wurden Alltagsbrüche ($\frac{1}{2}$ und $\frac{1}{4}$), Stammbrüche und weitere Brüche (gekennzeichnet als Weitere) ausgewählt (vgl. Einteilung Padberg 2009). Damit sollte festgestellt werden, ob die verschiedenen Brüche eine Rolle bei der Bearbeitung der Aufgaben spielen.

Für alle (außer die erste Aufgabe) wurde ein Ebenenwechsel von ikonischer auf symbolische Ebene oder umgekehrt benutzt.
Wichtig war, dass die Aufgaben ikonische Darstellungen beinhalten sollten, um eine Grundlage für den Ebenenwechsel zu haben und den Kindern möglicherweise mithilfe der Darstellungen die Aufgaben zu erleichtern. Padberg beispielsweise argumentiert, dass von den Schülern „kaum ein Zusammenhang zwischen der Zahlenwelt der Brüche (...) und der Bilderwelt konkreter Größen (z.B. dreiviertel Pizza) gesehen [wird]" (Padberg 2002, 116).

Die erste Aufgabeneinheit zum Maßzahlaspekt hingegen stellt eine Einführungsaufgabe da. Hier wurde auf ikonische Darstellungen verzichtet, damit die Schüler für Bruchzahlen sensibilisiert werden. Der Maßzahlaspekt wurde an dieser Stelle ausgewählt, weil die Kinder durch ihre Schulbücher (siehe Schulbuchanalyse) schon in diversen Aufgaben mit Brüchen als Maßzahl in Kontakt gekommen sind und somit die größten Berührungspunkte gesehen wurden.
Im ersten Teil sollten die Kinder mit dem Alltagsbeispiel Uhr arbeiten. Den Schülern wurden verschiedene Uhrzeiten als Bruchzahlen diktiert, die sie in Minuten umwandeln sollten. Die zweite Aufgabe beschäftigte sich mit Längen. Den Kindern wurden Alltags- und Stammbrüche in der Einheit Meter vorgelegt, die sie nun in Zentimeter umwandeln sollten. Ein Bestandteil dieser Aufgabe war auch das Vorlesen der Brüche. Damit konnte festgestellt werden, ob das Kind einen Bruch als solchen erkennt oder schon einmal im Unterricht behandelt hat. Die dritte Aufgabe wurde so konzipiert, dass der Rückweg stattfinden sollte. Die Schüler sollten vorgegebene Zentimeter- in Meterzahlen umwandeln und als Bruchzahl darstellen.
Insgesamt fand in diesem Aufgabenteil zum Maßzahlaspekt noch kein Ebenenwechsel statt und die Interviewteilnehmer sollten aus ihren Erfahrungen die Fragen beantworten können.

Tabelle: Aufgaben zum Maßzahlaspekt (Grundvorstellung als Anteil)

Aufgabenbeispiel		Brüche	Darstellungsform	Ebenenwechsel
1.	Wieviel Minuten sind eine dreiviertel Stunde?	Alltags-	Konkrete Brüche	Keiner
2.	¼ m = _______________	Alltags- Stamm-	Konkrete Zahlen	Keiner
3.	25 cm = _______________	keine	Konkrete Zahlen	Keiner

Bei den Aufgaben als Anteilsaspekt wurden die Aufgaben unter mehreren Gesichtspunkten variiert.
Im ersten Aufgabenteil (Aufgabe 4) sollten die Kinder den Übergang von einer symbolischen Ebene zu einer ikonischen Darstellung schaffen. Dazu wurden den Kindern verschiedene Brüche vorgegeben, die in Kreisdarstellungen und Rechteckdarstellungen eingezeichnet werden sollten. Das Spektrum der benutzen Brüche reichte hierbei von Alltagsbrüchen über Stammbrüche bis hin zu weiteren Brüchen.
Aufgabe 5 stellte erneut einen Rückweg dar. Den Schülern wurden verschiedene Kreisdarstellungen gezeigt, denen Sie vorgegebene Brüche zuordnen sollten.
In der sechsten Aufgabe wurde dann die Darstellungsform verändert. Anstatt auf Kreisdarstellungen sollten hier auf Rechteckdarstellungen Brüche zugeordnet und eingetragen werden.
Während in den beiden ersten Aufgaben zum Anteilsaspekt Stammbrüche genutzt wurden, bestand die letzte Aufgabe aus zwei Brüchen, die keine Stammbrüche waren.
Dies stellte eine anspruchsvollere Variante dar als die Aufgabe mit Stammbrüchen. Interessiert hat mich bei dieser Aufgabe, ob die Kinder Verallgemeinerungen herstellen konnten, wenn es sich beim Zähler nicht mehr um einen Teil, sondern um mehrere (hier zwei) handelte.

Tabelle: Aufgaben zum Anteilsaspekt

Aufgabenbeispiel		Brüche	Darstellungsform	Ebenenwechsel
4.	 ½ ½	Alltags- Stamm- Weitere	Kreisdarstellung Rechteckdarstellung	S → I
5.	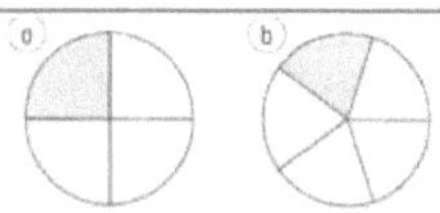	Stamm-	Kreisdarstellung	I → S

6.	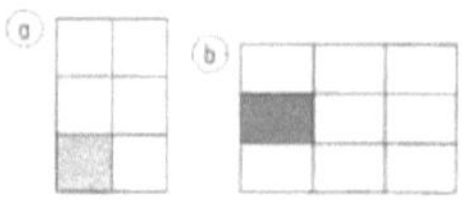	Stamm-	Rechteckdarstellungen	I → S
7.	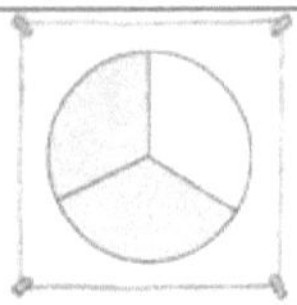	Weitere	Kreisdarstellungen	I → S

Die Aufgaben zum Operatoraspekt wurden ebenfalls unter den Gesichtspunkten der verwendeten Brüche, Darstellungsformen und des Ebenenwechsels konzipiert.

Zuerst sollte ein Drittel von einer bekannten Alltagsgröße (Äpfel) erkannt werden.

Die sich anschließende Aufgabe wurde mit der Anzahl der Äpfel abgewandelt und stellte sich unter dem Kontext des „gerechten Teilens" dar. Beim gerechten Verteilen an drei Personen waren auch die Fähigkeiten des Drittelns aus der vorherigen Vorstellung gefragt. Die Veränderung des Kontextes von einer abstrakten zu einer Alltagsebene sollte bei diesen beiden Aufgaben im Vordergrund stehen.

In den nächsten beiden Aufgaben (10, 11) wurde das Augenmerk auf dargestellte Alltagsbrüche (Pizzen) gelegt. Die Kinder sollten aus der ikonischen Darstellung der Pizza die Hälfte und das Doppelte erschließen.

Die letzten drei Aufgaben zum Operatoraspekt beherrschten keine derart konkreten Alltagsgrößen. Mithilfe von Rechteckdarstellungen sollten die Schüler bei diesen Aufgaben Anteile vom Ganzen bestimmen. Dabei wurde ein doppelter Ebenenwechsel nötig. Im ersten Schritt musste von symbolischen Brüchen in die Rechteckdarstellungen umgewandelt und eingezeichnet werden. Der zweite Aufgabenteil bestand darin, aus dieser ikonischen Darstellung den neuen Bruch herauszuarbeiten und diesen auf symbolischer Ebene zu notieren.

Diese drei Aufgaben gehören aufgrund ihrer Komplexität sicher zu den schwierigsten Aufgaben des Operatoraspekts und des gesamten Interviews.

Tabelle: Aufgaben zum Operatoraspekt (Grundvorstellung Operator)

Aufgabenbeispiel		Brüche	Darstellungsform	Ebenenwechsel
8.	Wie viel ist ein Drittel von? 	Keine	Äpfel	S → I
9.	Tim, Martin und Philipp wollen gerecht aufteilen. (...)	Keine	Äpfel	S → I

10.	Wie viel ist die Hälfte von? 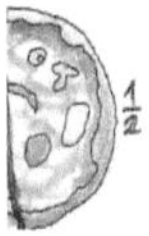	Alltags-	Pizza	I → S
11.	Wie viel ist das Doppelte von? 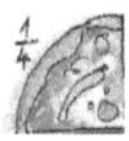	Alltags-	Pizza	I → S
12.	Markiere zuerst die Hälfte des Rechtecks rot. Markiere danach die Hälfte des roten Rechtecks blau. Welcher Anteil vom Ganzen ist sowohl blau als auch rot markiert? 	Alltags-	Rechteckdarstellung	1. S → I 2. I → S
13.	**Brüche variieren zu 12.**	Alltags-	Reckteckdarstellung	1. S → I 2. I → S
14.	**Brüche variieren zu 12.**	Alltags- Stamm-	Reckteckdarstellung	1. S → I 2. I → S

Die Aufgaben zum Erweitern/Kürzen wurden in Anlehnung an Padberg (2009) ausgewählt und angepasst. Während Padberg den Schülern die erste Aufgabe (15) nur in Textform präsentiert hat, wurde in dieser Studie eine Visualisierung mit den aus dem Kontext vorhandenen Pizzadarstellungen gewählt, um den Kindern einen Übergang zwischen ikonischer Darstellung und symbolischer Antwort zu ermöglichen. Da Padberg diese Aufgabe Kindern aus der sechsten Klasse gestellt hat, sollte diese für die untersuchten Dritt- und Viertklässler mit den Pizzadarstellungen erleichtert werden.

Die darauffolgende Aufgabe enthielt dann diese Visualisierungen nicht mehr. Allerdings konnten sich die Schüler eigene Pizzen aufmalen und daraus Antworten schließen.

Die letzten beiden Aufgaben bestanden aus Rechtecken (bei Padberg Quadrate). Die Schüler sollten versuchen die gegebenen Brüche noch mittels anderer Brüche auszudrücken.

Bei diesen beiden abschließenden Aufgaben sollte getestet werden, ob Kinder die Gleichwertigkeit zweier Brüche erkennen.

Tabelle: Aufgaben zum Erweitern und Kürzen

Aufgabenbeispiel		Brüche	Darstellungsform	Ebenenwechsel
15.	Tom und Marta fahren zur Pizzeria. Tom möchte gerne eine halbe Pizza bestellen. Marta bestellt 2/4. Wer hat nun mehr bestellt? 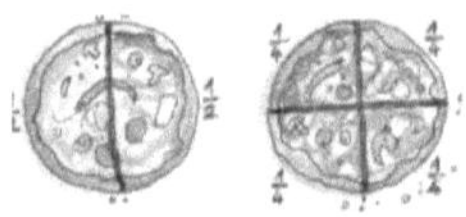	Alltags- Weitere	Pizza	I → S
16.	Auch Philipp und Martin fahren in die Pizzeria. Philipp bestellt 3/6 Pizzastücke. Martin bestellt 4/8 Pizzastücke. Wer hat nun mehr bestellt? (Im freien Feld kannst du dir die Pizzen aufmalen)	Weitere	keine	S → I
17.	In diesem Rechteck sind 8 von 12 Feldern gelb markiert. Welcher Bruchteil ist hier markiert? Fällt dir noch ein anderer Name für diesen Bruch ein? 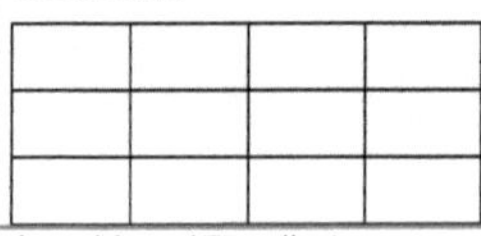	Weitere	Rechteck	I → S
18.	Anzahl zu 17 variiert.	Weitere	Rechteck	I → S

7. Auswertung

Für die Auswertung gibt es mehrere Schwerpunkte und Blickwinkel, auf die geachtet werden muss:

Grundsätzlich wurden falsche Antworten in eine Kategorie mit keiner Antwort eingeordnet, so dass nur richtige und nicht-richtige Lösungen in den tabellarischen Auswertungen eine Rolle finden.

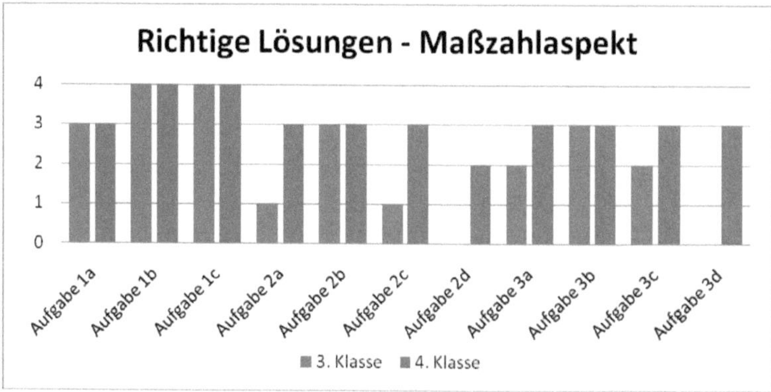

Die blauen Balken stellen die Lösungen der Drittklässler, die roten Balken die der der Viertklässler dar. Auf eine Umwandlung in Prozont wurde bei allen Aufgaben verzichtet, weil eine Zahl von vier Schülern pro Gruppe keine aussagekräftigen Prozentwerte schlussfolgern lässt.

Interessant festzustellen ist, dass die Aufgaben zur Uhrzeit von fast allen Kindern richtig beantwortet werden. Lediglich zwei Kinder haben bei der dreiviertel Stunde Schwierigkeiten, während alle anderen Aufgaben zur Uhrzeit richtig gelöst werden. Diese Auffälligkeit beschreibt auch Padberg (2002) bei seinen Untersuchungen. Bei ihm wurden ebenfalls die Aufgaben mit Zeiteinheiten am häufigsten richtig bearbeitet. Eine Erklärung von Padberg ist, dass umfangreiche Alltagserfahrungen zu Zeitangaben ausschlaggebend für diese Tendenz sind. Dies zeigt sich auch in dem folgenden Beispiel aus meiner Studie.

Matti (3. Klasse), Aufgabe 1a:
VL: „Okay, dann fangen wir jetzt mit der ersten Aufgabe an. Bei der ersten Aufgabe sollst du in Minuten schreiben. Die erste Aufgabe ist – nimm dir mal den Stift – eine Dreiviertelstunde in Minuten. Weißt du wie viele Minuten das sind?"
M: „Ja."
VL: „Wie viel denn?"
M: „45."
VL: „Schreibst du das mal hin? (...) Woher weißt du das? Wie kommt man auf das Ergebnis?"
(10 sec Pause)
VL: „Erklär mal woher du das weißt oder wie man darauf kommt. Das ist nämlich richtig."
(5 sec Pause)
[M. zuckt mit den Schultern]
VL: „Hast du das einfach auswendig gewusst?"

M: „Ja.“

Matti kann seine Denkweise nicht erklären, sondern nutzt eher Alltagswissen, um diese Aufgabe zu bearbeiten.

Die Lösungen von fast allen Kindern zeigen, dass die Maßzahlen im Zusammenhang mit Brüchen vielen Kindern leicht fallen (vgl. Altevogt u.a. 1993).

Ein durchaus anderes Bild erhalte ich bei den Lösungen zum Umwandeln von Längen. Die Anzahl richtiger Lösungen wird gerade in der dritten Klasse geringer, während die Viertklässler zumeist richtig umwandeln.

Eine Ausnahme stellt hierbei die Zahl $\frac{1}{2}$ Meter dar, die von fast allen Schülern gelöst wird. Hingegen ist die Umwandlung des Stammbruches $\frac{1}{5}$ für alle Kinder der dritten Klasse unmöglich. Von den Viertklässlern löst nur die Hälfte diese Aufgabe korrekt.

Eine weitere Auffälligkeit ist bei der Aufgabe festzustellen, in der die Kinder die Bruchzahl ein Viertel vorlesen sollen: Kein Drittklässler kann die Zahl $\frac{1}{4}$ richtig verbalisieren.

Bruno (3. Klasse), Aufgabe 2a:
Vl: „Okay, prima. Das hat ja schon mal prima geklappt. Jetzt kommt die erste Aufgabe auf dem Zettel. Aufgabe zwei. Du sollst jetzt in Zentimeter schreiben. Kannst du den Bruch oder das da auch vorlesen und dann umwandeln?“
B: „Das weiß ich nicht was das bedeutet.“

Die anderen drei Drittklässler verstehen den Trennstrich als „Komma“ (vgl. Katja, Aaron, Matthi Aufgabe 2a). Somit kann geschlussfolgert werden, dass die Drittklässler kein explizites Schriftbild von einem Bruch besitzen. Auch Padberg (2002) macht diese Feststellung und spricht von einer „Strich-Leseweise“. Ohne Erklärung der Bedeutung kann an dieser Stelle ohne Fehler nicht weitergearbeitet werden, weil die Schüler schlichtweg die Bedeutung nicht kennen. Ein differenziertes Bild zeigt sich bei den Viertklässlern. Es besitzen alle Viertklässler die Fähigkeit $\frac{1}{4}$ als Bruch zu identifizieren und richtig auszudrücken. Eine mögliche Ursache für die Heterogenität kann darin gefunden werden, dass in der vierten Klasse laut Klassenlehrerin schon Bruchzahlen in Zusammenhang mit Maßzahlen aufgetaucht sind, während dies in der dritten Klasse noch nicht geschehen ist.

Die dritte Art von Aufgaben, konkrete Maße, die in Zentimeter dargestellt sind, wieder in Meter umzuwandeln und in einer Bruchzahl auszudrücken, wurde mit ähnlicher Lösungsquote wie die Aufgaben vorher gelöst.

Besonders trickreich gingen einige Schüler vor, die erkannten, dass die gleichen Zahlen wie in der vorherigen Aufgabe benutzt wurden, so dass sie einfach bei den Lösungen ihrer zweiten Aufgabe schauen konnten. Diese Lösungen waren grundsätzlich legitim, da diesen Schülern ein Verständnis eines aufgabenübergreifenden Zusammenhangs bescheinigt werden kann.

Die Aufgabe 4 findet hier ein eigenes Diagramm, da sie aus zu vielen Unteraufgaben bestand, welche ein gemeinsames Diagramm mit den anderen Anteilsaufgaben zu unübersichtlich werden lassen würde.

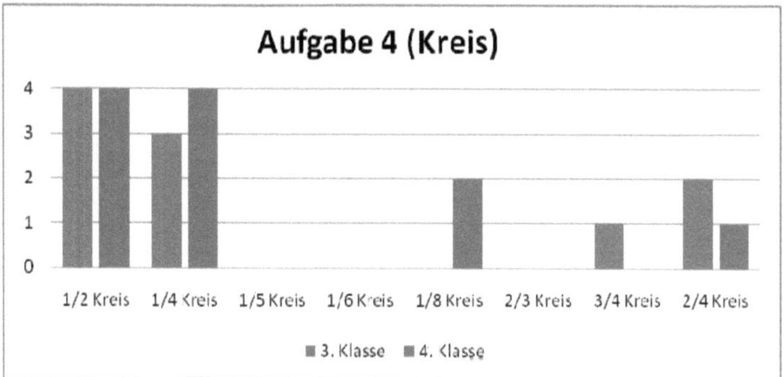

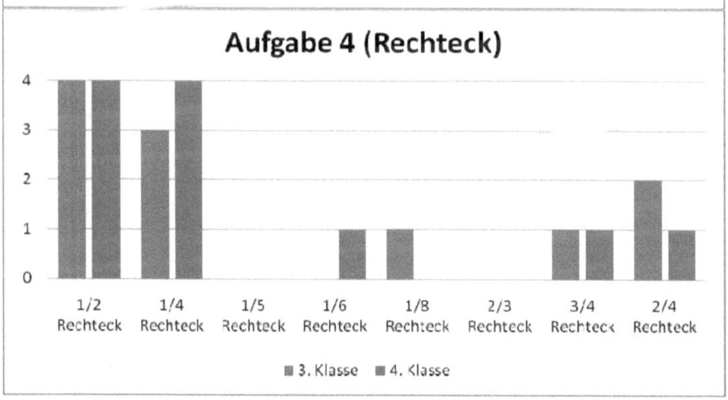

Besonders auffällig sind die Lösungen zu $\frac{1}{2}$ und $\frac{1}{4}$. Sowohl in der Kreis- als auch in der Rechteckdarstellung wurden diese Aufgaben nahezu komplett richtig gelöst. Auf die Nachfrage was denn ein Halb von dem Kreis (bzw. dem Rechteck) sei, konnten nahezu alle Kinder erklären, dass dies beide Teile (bzw. alle vier Teile) sind. Eine interessante Ausführung lässt sich bei Bruno finden, der hierzu seine Uhrenvorstellung nutzt.

Bruno (3. Klasse), Aufgabe 4b:
Vl: „Genau. Ein Viertel. Kannst du das einzeichnen?"
B: *„Ein viertel. [5 sec. Pause]"*
Vl: „Was denkst du denn gerade? Kannst du das erklären?"
B: „Ich weiß nicht ob ich eine Hälfte von einer Hälfte nehmen soll oder ein ganzes Kreuz."

Vl: „Was meinst du? Wie hast du das bei ein Halb gemacht? Was hast du da dann genommen?“
B: „Ich mal jetzt ein Kreuz rein. So..so.“
Vl: „Kannst du mir jetzt sagen was ein Viertel davon wäre?“
B: „Das hier. Und das und das und das.“
Vl: „Prima. Wie bist du darauf gekommen?“
B: „Das ist ja wie bei einer Uhr. Ein Viertel und noch ein Viertel, ein Viertel und noch ein Viertel.“

Zwei Aspekte sind bei der Lösung von Bruno entscheidend. Er weiß nicht, ob er die Hälfte von einer Hälfte einzeichnen soll oder ob er ein ganzes Kreuz nehmen soll.
Bei dieser Formulierung wird deutlich, dass Bruno zwar eine ungefähre Vorstellung von dem Aussehen eines Viertels (Kreuz) hat, er aber die verschiedenen Ideen (Hälfte von Hälfte und Kreuz) nicht gleichsetzen kann und sie somit als unterschiedliche Lösungen betrachtet. Für ihn ist die Hälfte von der Hälfte nicht gleich eines von vier gleich großen Teilen (Vgl. Padberg 2002). Hinzu kommt, dass er sein Kreuz auf eine Uhrenvorstellung aufbaut und ein Viertel mit fünfzehn Minuten gleichsetzt. Diese Vorstellung taucht auch bei Matti (3.Klasse) auf. Für diese Lösungen von $\frac{1}{2}$ und $\frac{1}{4}$ sind derartige Uhrvorstellungen noch hilfreich. Die weiteren Stammbrüche sorgen nachkommend aber für Schwierigkeiten.

Danach finden wir einen deutlichen Abfall bei allen anderen Aufgaben mit Ausnahme der Darstellungen von $\frac{1}{8}$ (Kreis) bzw. $\frac{2}{4}$ (beide Darstellungen).

Zwar ist die zeichnerische Darstellung eines $\frac{1}{5}$ Kreises schwierig, aber nur wenige Kinder erwähnen den Grundgedanken, den Kreis zu erst einmal in fünf gleich große Teile aufzuteilen.

Tim (4. Klasse), Aufgabe 4c:
T: *„Ein Fünftel sind 20 Zentimeter.* [5 sec. Pause] Muss ich da jetzt 20 Zentimeter einzeichnen?“
Vl: „Wir sind hier nicht bei Zentimetern. Wir sind nur bei Kreisen. Da sollst du ein Fünftel einzeichnen.“
T: „Von dem Kreis.“
Vl: „Genau. Aber nicht von Zentimetern. Wie machst du das? Wie müsste man das am besten machen? Kannst du das erklären?“
T: *„Gute Frage.* [11 sec. Pause]“
Vl: „Was überlegst du gerade?“
T: „Ich muss ja das Fünftel von dem Kreis einzeichnen.“
Vl: „Ja. Und du überlegst gerade was?“
T: „Was das Fünftel von dem Kreis ist“
Vl: „Okay.“
T: „Wie man das da einzeichnen muss.“
Vl: „Worauf musst du da achten? Kann ich da einfach fünf Teile einzeichnen oder worauf muss ich da achten?“
T: „Ich muss fünf gleich große Teile einzeichnen.“

Tim schafft es im ersten Moment nicht sich von der Aufgabenstellung mit Maßzahlaspekten zu lösen und versucht seine Vorstellung zu einem Fünftel auf den Kreis zu übertragen. Dieser Grundgedanke zeugt nicht von einer Aktivierung der Anteilsgrundvorstellung. Hier schafft Tim es nicht, seine Vorstellungen flexibel auf eine andere Aufgabe zu übertragen. Als er dann vom Versuchsleiter von der Zentimetervorstellung gelöst wird, kann Tim allerdings eine wichtige Eigenschaft von Bruchzahlen beschreiben: Der Kreis muss in fünf gleich große Teile unterteilt werden. Diese Vorstellung stellt eine Weiterentwicklung zu Lösungen dar, die nicht auf Größengleichheit der Teile achten.

Katja zeigt das typische Problem aller Schüler bei weiteren Stammbrüchen.

Katja (3. Klasse), Aufgabe 4c:
VI: „Okay. Prima. Ein Fünftel?"
[5 sec. Pause]
VI: „Was überlegst du jetzt?"
K: „Ein Vierte ist ja so. Ein Fünftel ist schwerer."
I: „Warum?"
K: „Das kann man nicht so richtig falten."
VI: „Und wie müsste man das machen? Worauf muss man da achten beim Falten, wenn ich ein Fünftel falte?"
[Katja zeichnet zwei große Striche und einen halben Strich ein.]
VI: „Okay. Was wäre jetzt ein Fünftel?"
K: „Wenn man einmal so faltet, dann faltet man einmal nur auf der Seite."
VI: „Und was wäre jetzt ein Teil davon? Ein Fünftel?"
[Katja zeigt auf den kleinsten Teil ihrer Zeichnung.]

Sie ist das einzige Kind, das sprachlich einen enaktiven Prozess formuliert, der in ihrem Kopf vorgeht. Während dieser Prozess für $\frac{1}{2}$ und $\frac{1}{4}$ noch relativ problemlos bei Katja beginnt, bekommt sie große Probleme bei einem Fünftel und weiß nicht wie sie dies falten soll.

Alle weiteren Kinder haben das Problem, den Bruch $\frac{1}{5}$ auf der ikonischen Ebene darzustellen (vgl. Lucie, Aaron). Einige Kinder nutzen für ein Fünftel (und weitere Brüche) Dreiecksvorstellungen (vgl. Tim und Can-Luca). Altevogt u.a. (1993) haben diese Vorstellung als eine ungefähre Tortenstückvorstellung beschrieben. (vgl. Ebneth u.a. 1990)

Ein weiteres Problem ist oftmals die Darstellungsform. Ein Fünftel impliziert für die Schüler, dass fünf Striche gemacht werden müssen, so dass meist ein +1 Fehler entsteht (siehe Tims Darstellung bei $\frac{1}{5}$).

Neumann (1997) kategorisierte diesen typischen Fehler als Vorstellung, dass die Anzahl der Teilungen dem Nenner in kontinuierlichen Darstellungen entspricht.

Dieses Problem lässt sich bei den weiteren Brüchen und diversen Kindern (vgl. Aaron, Can-Luca etc.) mehrfach wiederfinden. Während die Lösungen zu weiteren Stammbrüchen nur mit Ausnahmen korrekt gelingen, findet sich bei dem Stammbruch $\frac{1}{8}$ sowohl in Kreis- als auch in Rechteckdarstellung eine höhere Quote an richtigen Lösungen. Diese Tatsache kann darauf zurückgeführt werden, dass die Darstellung von $\frac{1}{8}$ durch vier Striche gelingt, die jeden Teil genau wieder halbieren. Somit ist der Vorgang bei einem Achtel deutlich leichter als bei $\frac{1}{5}$ oder $\frac{1}{6}$.

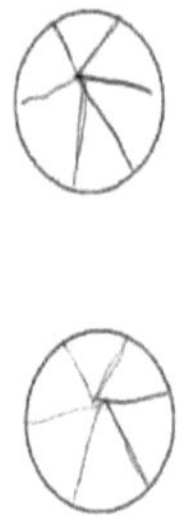

1/5

2/3

Abbildung 5 - Lösung Tim

Der Bruch $\frac{2}{3}$, der ein ausgeprägtes Bruchzahlverständnis verlangt, sorgt bei allen interviewten Schülern für Probleme. Kein Kind schafft es, diesen richtig zu lösen.

Tim (4. Klasse), Aufgabe 4f:
VI: „Okay habe ich verstanden. Zwei Drittel."
T: „[5 sec. Pause] Ein Drittel müssten drei gleich große Teile sein."
VI: „Ja und zwei Drittel?"
T: „*Müssten (...)*das nicht sechs gleich große Teile sein?"
VI: „Warum sechs?"
T: „Weil 2 mal 3 ist ja sechs."

Tims Lösungsansatz repräsentiert eine auch bei anderen Kindern verwendete Variante. Zwar weiß er, dass er bei einem Drittel drei gleich große Teile haben muss, kann diese Vorstellung aber nicht übertragen, wenn der Bruch kein Stammbruch ist und der Nenner demzufolge größer als 1 ist. Nun versucht Tim die 2 in Bezug zur 3 zu setzten und multipliziert diese Zahlen. Damit erhält er 6 Teile. Auch Matthis wählt diese Lösung, wenngleich er skeptisch ist, ob seine Lösung denn richtig ist. Allerdings hat er keine alternative Strategie, um diese Aufgabe lösen zu können. Weitere Schüler wissen hingegen gar nichts mit dem veränderten Zähler anzufangen und stellen $\frac{2}{3}$ wie $\frac{1}{3}$ dar (vgl. Bruno).

Die Aktivierung der Grundvorstellung als Anteil klappt demnach auch nicht bei den Kindern, die die bisher besten Ergebnisse bei dieser Anteilsaufgabe haben, in welcher schwierigere Brüche als Alltagsbrüche auftauchen. Ein automatisches Anwenden auf Brüche mit verschiedenem Zähler ist hier nicht möglich.

Überraschend ist hingegen, dass es für $\frac{3}{4}$ und $\frac{2}{4}$ richtige Lösungen gab, obwohl bei $\frac{2}{3}$ keine Vorstellung möglich war.

Can-Luca (4.Klasse), Aufgabe 4g
VL: „[…]. Das ist drei Viertel."
[C. halbiert das Rechteck]
(7 sec Pause)
VL: „Was überlegst du jetzt?"
C: „Ich überlege jetzt wo ich den Strich hinmachen muss, weil wenn ich jetzt hier einen grade machen würde hätte ich vier Viertel."
VL: „Dann hättest du vier Viertel. (7 sec Pause) Und was heißt jetzt die drei genau? Was heißt drei Viertel genau?"
C: „Das ein Kästchen ja von den ganzen frei bleiben muss. Wenn ich aber hier einen mache dann ist ja hier das Kästchen und da das Kästchen."
(10 sec Pause)
VL: „Und wenn du das dann nachher markieren könntest?"
C: „Dann würde ich das so machen, dass ich das hier markieren würde, dass das nicht dazu gehört."
VL: „Dann markier mal, was du jetzt meinst, was drei Viertel ist"
[C. markiert ein Viertel]
VL: „Okay, habe ich verstanden."
C: „2 Viertel...[zeichnet vier Viertel ein] Da markiere ich auch die beiden."
[C. markiert 2 Viertel]

Can-Luca zeigt, dass die richtigen Lösungen bei drei Viertel (wie auch zwei Viertel) auf Grundlage der guten Ergebnisse für $\frac{1}{4}$ zustande kommen. Can-Luca weiß, wie er seinen Kreis bzw. sein Rechteck vierteln muss, so dass ihn dieses Mal der Zähler mithilfe des Versuchsleiters nicht negativ beeinflusst. Er sagt, dass bei drei Vierteln eines der Kästchen frei bleiben müsse.
Insgesamt zeigen sich beim Vergleich der Klassen weder bei der Darstellungsform noch bei den Aufgaben größere Unterschiede. Die Brüche $\frac{1}{2}$ und $\frac{1}{4}$ werden von vielen Schülern korrekt gelöst, während die Schüler zu weiteren Stammbrüchen oftmals keine Lösungswege finden. Der Aspekt der gleich großen Teile ist bei nur wenigen Schülern aktiviert. Dementsprechend ist daraus nicht zu schlussfolgern, dass eine Grundvorstellung für den Anteilsaspekt vollkommen möglich ist. Nur bekannte Brüche sind für die Schüler leicht zu lösen und beruhen eher auf „Wissen" als auf genauen Vorstellungen, wie die Lösungen zu den weiteren Stammbrüchen und anderen Brüchen beweisen.
Weitere Aufgaben im Zusammenhang mit dem Anteilsaspekt waren, dass Brüche dargestellt und von den Schülern erläutert werden mussten.

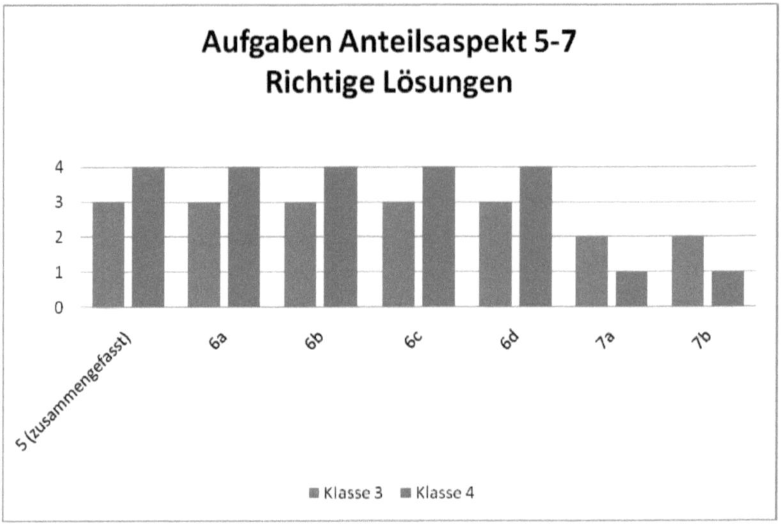

Überzeugend sind die Ergebnisse der Aufgaben 5 und 6. Die Schüler sollten erstens Bruchzahlen einer Kreisdarstellung zuordnen und zweitens zu einer Rechteckform den passenden Bruch notieren. Beide Anteilsaufgaben beschränkten sich lediglich auf Stammbrüche, so dass die Kinder ohne großes Bruchzahlverständnis diese Aufgaben lösen konnten. Auch Hasemann (1993) spricht davon, dass bei Stammbrüchen Kindern der Nenner vorgebe, wie viele Untereinheiten zu nehmen seien.
Bei der Aufgabe 5 gaben alle Viertklässler die richtige Lösung an. Ein Drittklässler hingegen vertauschte die schon etwas unübersichtlicheren Brüche $\frac{1}{5}$ und $\frac{1}{6}$, so dass hier ein Fehler und keine vollständig korrekte Lösung zu Stande kam.
Auch bei Aufgabe sechs verstand eine Drittklässlerin (vgl. Katja) die Aufgabe nicht.

Katja (3. Klasse), Aufgabe 6a:
Vl: „Okay. Schreibe den Namen dieser Bruchteile auf. Das ist immer der Anteil an gefärbten Kästchen von den Kästchen insgesamt. Das war ja hier auch bei ein Viertel: Ein gefärbtes von insgesamt vier Teilen. Oder ein Drittel war ein gelbes von drei Teilen insgesamt. Was ist denn das?"
K: „Sechs Drittel glaube ich."
Vl: „Schreibs mal hin bei a. Wie bist du darauf gekommen?"
K: „Weil das hier wie oben ist. Das ist hier wie oben. Zehn Felder. Dann ist es eben Zehntel."

Katja ist zu sehr an die Aufgabe 5 und die Erklärung des Versuchsleiters gebunden, dass sie das Beispiel Drittel nun auf jede ihrer Aufgaben anwendet, auch wenn sie zehn Felder als Zehntel deklariert. Für sie stellt die Anzahl der Kästchen nun den Zähler dar.

Eine erschwerte Aufgabe stellt die Aufgabe 7 dar. Nachdem in den beiden vorherigen Aufgaben nur Stammbrüche behandelt wurden, wird jetzt der Bruch $\frac{2}{3}$ in einer Kreis- und Rechteckform dargestellt.

Das schwache Abschneiden der Schüler belegt die These, dass die Kinder bei einfachen Stammbrüchen die Gesamtanzahl der Kästchen zählen. Während diese Strategie bei Stammbrüchen zu richtigen Antworten führt, sorgt sie für Fehler bei weiteren Brüchen. Als typische Antwort tauchte immer wieder $\frac{1}{3}$auf - abgeleitet von der bereits erwähnten Strategie (vgl. Bruno, Mathis).

Ein weiterer typischer Fehler ist die Antwort $\frac{1}{2}$. Padberg und Wartha sprechen bei diesem Fehler von dem Teil-zu-Teil-Fehler. Hierbei wird die Anzahl der markierten Felder in Zusammenhang mit den nicht markierten Feldern gesetzt. Möglicherweise wird aufgrund der mehr markierten Felder also die eins für das nicht markierte und die zwei für die markierten Felder gewählt (vgl. Padberg 2002, 113, Wartha 2007, 52).

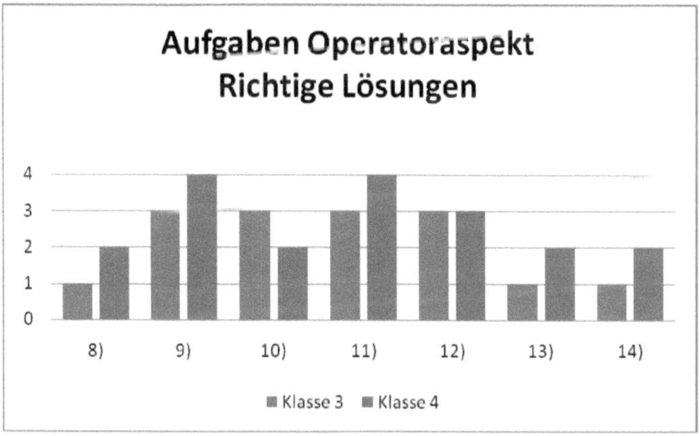

Der nächste Aufgabenkomplex beschäftigte sich mit dem Operatoraspekt. Bei den Aufgaben 8 und 9 sollten jeweils ein Drittel der dargestellten Äpfel angegeben werden. Allerdings wurde bei Aufgabe 9 die sprachliche Formulierung „gerecht auf drei Kinder aufteilen" genutzt. Die Ergebnisse sind äußerst differenziert. Den Schülern gelingt es bei der Aufgabe 8 kaum ein Drittel der Äpfel korrekt zu beschreiben. So lässt beispielsweise Aaron verlauten, dass er die Aufgabenstellung nicht versteht. Tim teilt jeden Apfel in drei Teile (siehe Abbildung) und zählt danach seine ganzen Teile. So erhält er die Lösung 27 Teile.

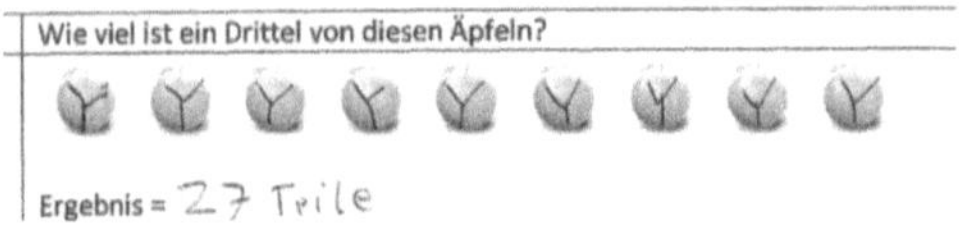

Abbildung 6 - Lösung Aufgabe 8 (Tim)

Bei der Aufgabe 9 hingegen lösen bis auf einen Schüler alle die Aufgabe richtig. Dies zeigt, dass es den Kindern leichter fällt, eine an den Alltag angepasste Situation zu lösen als sich mit dem mathematischen Dritteln zu beschäftigen. Auch Rottmann (2006) stellt in seiner Untersuchung zu der Hälfte und dem gerechten Teilen fest, dass die „Verwendung des Fachbegriffs (...) eine Steigerung im Schwierigkeitsgrad der Aufgabe“ (vgl. Rottmann 2006, 362) bewirkt. Diese Feststellung lässt sich anhand der Ergebnisse auch für das Dritteln und gerechte Teilen zumindest für diese Stichprobe diagnostizieren.

Aufgabe 10 und 11 sind gegenüber der Aufgaben 8 und 9 mit kontinuierlichen Quantitäten ausgestattet. Auffällig ist, dass von den Viertklässlern nur die 50 % die Hälfte einer halben Pizza bestimmen konnten, während bei allen das Doppelte einer Viertelpizza richtig gelöst wurde.

Lucie (4. Klasse), Aufgabe 10:
VL: „Okay. Wieviel ist die Hälfte von? Was siehst du da?“
L: „Ein zweitel und die Pizza.“
VL: „Was ist das für eine Pizza? Die gesamte Pizza?“
L: „Eine halbe.“
VL: „Davon sollst du mir jetzt die Hälfte sagen. Was wäre davon jetzt die Hälfte?“
[Lucie zeichnet durch die Hälfte einen Strich.]
L: „So.“
VL: „Was ist das dann?“
L: „Ein Zweitel.“
VL: „Warum ein Zweitel?“
L: „Wegen den...ne, ein..doch ein Zweitel. Weil diese beiden da.“

Auffällig ist bei Lucie, dass sie ein Halb nicht verbalisieren und erkennen kann und stattdessen von „einem Zweitel“ spricht. Lucie gelingt hier keine Verbindung zu vorherigen Aufgaben, in denen ein Halb sowohl verbalisiert als auch symbolisch dargestellt wird. Trotzdessen hilft sie sich, indem sie die halbe Pizza erneut halbiert. Doch ihr fehlt deutlich das Verständnis, um die richtige Lösung ein Viertel auszusprechen. Sie sieht trotz der Halbierung immer noch die halbe Pizza und nicht ein Viertel als Lösung.

Die Aufgaben 12 bis 14 sind die schwierigsten Aufgaben im Operatorkontext. Die Schüler müssen hier zunächst einen Übergang von der symbolischen auf die ikonische Ebene schaffen sowie im nächsten Schritt wieder eine Rückübersetzung auf die symbolische Ebene machen.

Aufgabe 12 bereitete den Schülern die wenigsten Schwierigkeiten. Alle Kinder konnten die Übersetzung von der symbolischen Ebene auf die ikonische Ebene erfolgreich durchführen. Die Hälfte von der Hälfte ist im kindlichen Begriffsverständnis durchaus vorhanden und kann im Rechteck markiert werden. Can-Lucas Lösung war die einzige, in welcher das Rechteck horizontal unterteilt wurde. Alle anderen Schüler gingen vertikal vor. Je einem Kind (vgl. Lucie, Katja) aus jeder Klassenstufe gelang es in der Folge allerdings nicht mehr, den nun entstandenen Bruch als $\frac{1}{4}$ zu deklarieren. Lucies Antwort $\frac{1}{2}$ ist allerdings folgerichtig, wenn man ihre Lösung der Pizzaaufgabe 10 betrachtet. Sie benennt vermutlich wieder das Markierte als die Hälfte und kann nicht einen Teil davon benennen.

Während die Aufgabe 12 noch für einige Erfolgserlebnisse sorgte, bereiteten die Aufgaben 13 und 14 den Probanden deutlich mehr Probleme. Dabei konnten zwar erneut viele Kinder ein Viertel und die Hälfte davon richtig einzeichnen, schafften es aber nicht den Anteil des ganzen Bruchs als ein Achtel zu benennen. Wartha (2007) spricht bei dem Operatoraspekt von diesem typischen Fehler. Zwar schaffen es viele Kinder, die richtigen Zeichnungen an geometrischen Veranschaulichungen anzufertigen, allerdings war kaum ein Kind in der Lage eine adäquate Rechenoperation zur Bestimmung des Ergebnisses anzugeben (vgl. Wartha 2007, 58).

Aaron (3.Klasse), Aufgabe 13:
Vl: „Jetzt sollst du beim nächsten erst ein Viertel des Rechtecks rot markieren."
[Aaron markiert ein Viertel rot.]
Vl: „Danach sollst du die Hälfte von dem Roten blau markieren. Kannst du da auch wieder sagen wieviel du vom gesamten blau markiert hast?"
A: „*[guckt wie oft seine blauen Kästchen ins gesamte Rechteck passen.]* Ein Achtel."

Aaron nutzt zur Bestimmung der Lösung seine Finger und schaut, wie oft seine Lösung in das gesamte Rechteck passt. So kommt er auf ein Achtel. Auch Matthis folgt in seiner korrekten Lösung dieser Strategie.

Aufgabe 14 bestätigt die Ergebnisse der Aufgaben zuvor. Während viele Kinder eine geometrische Lösung produzieren, können sie den Bruchteil nicht bestimmen.

Can Lucas Lösung kann als am weitesten fortgeschritten betrachtet werden. Er ist der einzige, der 3 von 6 Kästchen als

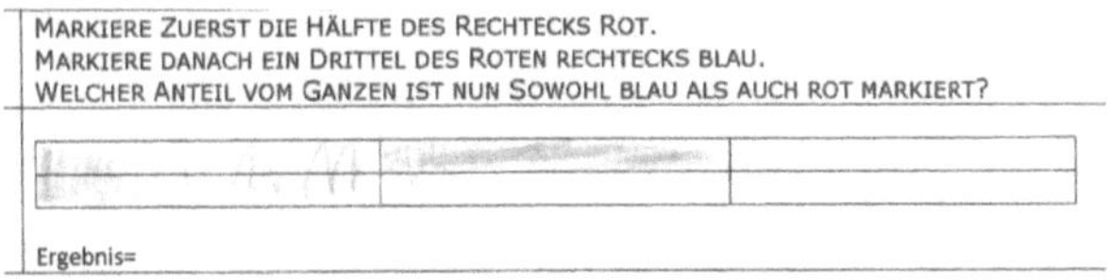

Abbildung 7 - Lösung Can-Luca

die Hälfte ansieht. Alle anderen Kinder zeichnen ein Halb ein, indem sie in der Mitte des Rechtecks einen Strich ziehen. Can Luca hat nun den Vorteil, dass er ein Drittel als eines von den drei markierten Kästchen sieht und dieses färbt. Daraus schlussfolgert er nun, dass es sich um den Bruch ein Sechstel handelt. Zwar kommen auch Aaron und Mattis auf die Lösung $\frac{1}{6}$, nutzten allerdings erneut die schon beschriebene Vorgehensweise, welche bei deutlich größeren Rechtecken Schwierigkeiten mit sich bringen würde. Can-Lucas Lösungsweg kann demnach als weit entwickeltes Bruchzahlverständnis, zumindest für den Operatoraspekt in dieser Aufgabe, angesehen werden.

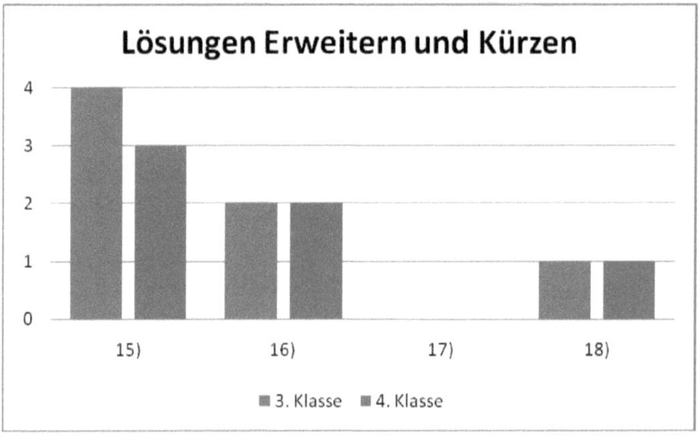

Alle Schüler bis auf Lucie lösen die Aufgabe 15 richtig und erkennen im Fall $\frac{1}{2}$, dass beide Brüche gleichwertig sind. Die häufigste Begründung ist, dass zwei Viertel genauso viel ist wie ein Halb (Vgl. Aaron, Bruno, Mathis, Can-Luca, Katja). Auch Padberg (2009) stellt bei dieser Aufgabe fest, dass der Sonderfall $\frac{1}{2}$ die häufigsten richtigen Lösungen ergibt.

Nur die Hälfte der Schüler konnte bei Aufgabe 16 richtige Lösungen präsentieren. Ein nach Padberg (vgl. auch Neumann 1997) typischer Fehler ist bei Brunos Lösung festzustellen.

Bruno (3. Klasse), Aufgabe 16:

VI: „Prima. Das habe ich verstanden. Auch Philipp und Martin fahren in die Pizzeria. Philipp bestellt 3/6 Pizzastücke. Martin bestellt 4/8 Pizzastücke. Wer hat nun mehr bestellt? Im freien Feld kannst du dir die Pizzen aufmalen, wenn dir das leichter fällt."

B: „Mir fällt das ohne malen leichter."

VI: „Okay. Philipp bestellt 3/6 Pizzastücke. Martin bestellt 4/8 Pizzastücke."

B: „Martin."

VI: „Okay. Warum hat Martin mehr?"

B: „Weil die Anzahl hier schon größer ist."

VI: „Wo ist die Anzahl größer?"
B: „Bei den Zahlen. Philipp hat eine kleinere Zahl."

Brunos Lösung ist lediglich auf die Größe der Zahlen gerichtet. So erkennt er bei Philipp die kleineren Zahlen und schließt daraus, dass Martin mehr bestellt hat. Bruno stellt keine Verbindung zu seiner Lösung mit $\frac{1}{2}$ her, wo er demnach den größeren Bruch hätte bevorzugen müssen. Padberg spricht hier von einem „intuitiven" (vgl. Padberg 2009, 47f.) Gespür der Gleichwertigkeit von Brüchen, das nur bei Alltagsbrüchen aktiviert werden kann.

Aaron (3.Klasse), Aufgabe 16:
VI: „Prima. Auch Philipp und Martin fahren in die Pizzeria. Philipp bestellt drei Sechstel Pizzastücke. Martin bestellt vier Achtel Pizzastücke. Wer hat nun mehr bestellt? Wenn du willst kannst du dir die Pizzen aufmalen, wenn dir das einfacher ist."
A: „Ich glaube Martin."
VI: „Warum?"
A: „Weil er ja Acht und er Sechs. Nee, der hat mehr. Martin. Weil er ja Achtel hat."
VI: „Okay. Habe ich verstanden. Jetzt kommen noch zwei Aufgaben."
A: „Ich hab noch eine Idee. Ich mal die Pizza."
[Aaron malt zwei Pizzen.]
A: „Beide gleich viel."
VI: „Warum?"
A: „Weil die beide gleich viel haben. Ist ja eine Pizza."
VI: „Aber warum ist denn drei Sechstel gleich viel wie vier Achtel? Kannst du das nochmal erklären? Das ist richtig."
A: „Man kann es ja in 6 teilen genauso in 8. Man kann es ja in 40 teilen und in 4. Dann hat er genausoviel wie der andere."
VI: „Warum sind denn drei von Sechs genausoviel wie vier von 8?"
A: „Weil die Sechstel etwas größer sind die Stücke. Die Pizza kann man teilen wie man möchte."

Aarons zeigt anhand seiner Lösung mehr Verständnis als Bruno. Zwar argumentiert er zuerst mit dem Fehler, sich nur den Nenner anzuschauen, korrigiert sich im nächsten Schritt dann aber selber. Sein Bruchzahlverständnis wirkt durch die Aussage, dass man die Pizza ja auch in 40 oder in 4 Stücke teilen kann, deutlich ausgeprägter. Weiterhin sagt er, dass die Stücke bei Sechsteln größer sind als bei Achteln und man somit gleich viel von der Pizza erhält (vgl. Can-Luca). Diese Vorstellung zeugt von einem deutlich höheren Verständnis von Bruchzahlen als dies bei beispielsweise Bruno der Fall ist.

Aufgabe 17 hingegen stellt alle Schüler vor ein unüberwindbares Hindernis. Kein Schüler kann zu den gegebenen Brüchen weitere Brüche finden. Vielleicht wäre es besser gewesen, zunächst die Aufgabe 18 zu stellen, welche leichter zu lösen ist.

Interessant ist, dass die Kinder kaum gleiche Strategien zur (fehlerhaften) Lösung nutzen. Exemplarisch seien hier das Zählen der freien Kästchen oder das Teilen der markierten Felder als Bruch erwähnt. Der Äquivalenzschritt, der einigen Kindern in konkreten Alltagssituationen noch gelingt, ist hier nicht flexibel. Die Kinder sehen die festen Kästchen und können keinen anderen Bruch nennen.

Bei Aufgabe 18 schafft es ein Kind aus jeder Klasse die Aufgabe zu lösen. Dies könnte auch daran liegen, dass das Rechteck lediglich aus 6 Kästchen besteht und für diese beiden Kinder schnell sichtbar ist, dass genau die Hälfte markiert wurde (vgl. Aaron, Can-Luca).

7.1 Zwischenfazit

Dieser erste Auswertungskomplex soll verschiedene Schülerlösungen dargestellt, Probleme skizziert und richtige Vorstellungen näher gebracht haben. Dabei waren mehrere Dinge auffällig:

Erstens konnte man bis auf die Maßzahlaufgabe – die in der vierten Klasse schon behandelt wurde – keinen großen Unterschied hinsichtlich der richtigen Lösungen zwischen der dritten und vierten Klasse erkennen. Bei fast allen Aufgaben waren die Ergebnisse nahezu identisch. Die leichten Tendenzen zur vierten Klasse können durchaus mit dem Altersunterschied begründet werden.

Der theoretischen Annahme, dass Alltagsbrüche deutlich bessere Lösungsquoten besitzen als Stammbrüche und weitere Brüche, kann für unsere Stichprobe zugestimmt werden. Die Schüler konnten Aufgaben, in denen der Alltagsbruch $\frac{1}{2}$ - $\frac{1}{4}$ mit Abstrichen - enthalten war, deutlich besser lösen und Grundvorstellungen besser aktivieren als bei anderen Brüchen. Die Frage, ob der Aspekt für Lösungen zu $\frac{1}{2}$ und $\frac{1}{4}$ von Bedeutung oder ob dies gleichgültig ist, soll im nächsten Schritt analysiert werden.

Hierzu werden ausschließlich die Aufgaben zu $\frac{1}{2}$ und $\frac{1}{4}$ nach Aspekten geordnet betrachtet und alle anderen Aufgaben außen vor gelassen. Damit soll untersucht werden, ob es verschiedene Lösungsquoten bei den einzelnen Aspekten gibt.

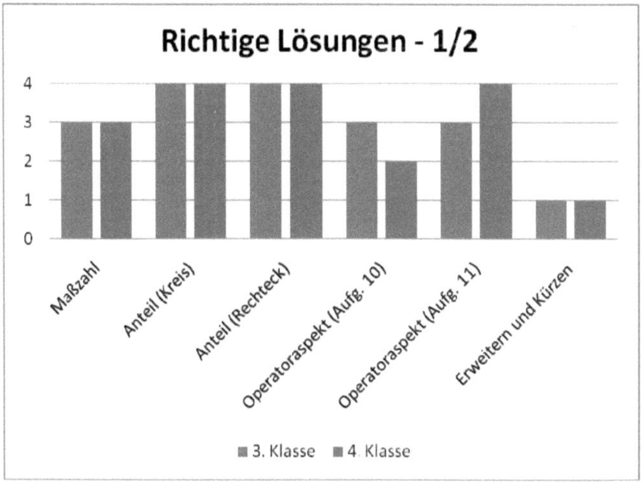

Die richtigen Lösungen zu $\frac{1}{2}$ bei den verschiedenen Aspekten weisen eine sehr hohe Quote an richtigen Lösungen auf. So wurden die Aufgaben mit einem Anteilsaspekt komplett richtig gelöst. Aber auch der Maßzahlaspekt und der Operatoraspekt wurden überzeugend von den Schülern bewältigt. Lediglich die Aufgabe zum Erweitern und Kürzen ist auffällig. Nur jeweils ein Kind beider Altersklassen konnte diese Aufgabe korrekt lösen. Allerdings kann diese Aufgabe nicht zur klassischen Aufgabenstellung zu $\frac{1}{2}$ gezählt werden, da hierbei ein ganz anderes Grundverständnis von Bruchzahlen zu Tage tritt. Während bei den anderen Aufgaben lediglich mit der Zahl $\frac{1}{2}$ gearbeitet wurde, müssen die Schüler in dieser Aufgabe erkennen, dass 3 von 6 markierten Kästchen gleichwertig zu $\frac{1}{2}$ ist. Diese Fähigkeit stellt meiner Meinung nach ein deutlich höheres Anforderungspotential an die Schüler dar, so dass diese Aufgabe isoliert von den anderen Aufgaben mit $\frac{1}{2}$ betrachtet werden muss.

Katja (3. Klasse), Aufgabe 18:
Vl: „Und hier? Hier sind drei von sechs Feldern gelb markiert. Fällt dir da noch ein anderer Bruch ein?"
K: „Ein Viertel."
Vl: „Warum?"
K: „Weil das ist eine Hälfte und das ist eine Hälfte von dem Ganzen."
Vl: „Ja, und was ist das dann für ein Bruch?"
K: „Ein Viertel."

Katja erkennt zwar, dass es die Hälfte von dem Ganzen ist, schlussfolgert daraus aber fälschlicherweise, dass beide Hälften (die gelb markierte und die nicht markierte Hälfte) zusammen $\frac{1}{4}$ ergeben. Sie erkennt also die geometrische Anordnung der Hälfte, ihr fällt es allerdings schwer dies als $\frac{1}{2}$ auszudrücken. Sie versucht also ihre Erkenntnisse mit dem anderen Teil in Zusammenhang zu bringen. Vermutlich sind ihre Vorstellungen noch nicht so weit ausgeprägt, dass sie die Gleichwertigkeit mehrerer Brüche einsehen kann.

Für die Stichprobe kann man also die Vermutung bestätigen, dass primär bei den Aufgaben für $\frac{1}{2}$ nicht der jeweilige Aspekt entscheidend ist, sondern der Alltagsbruch bei den Schülern so prägend ist, dass die Lösung bei allen Aspekten gelingt.

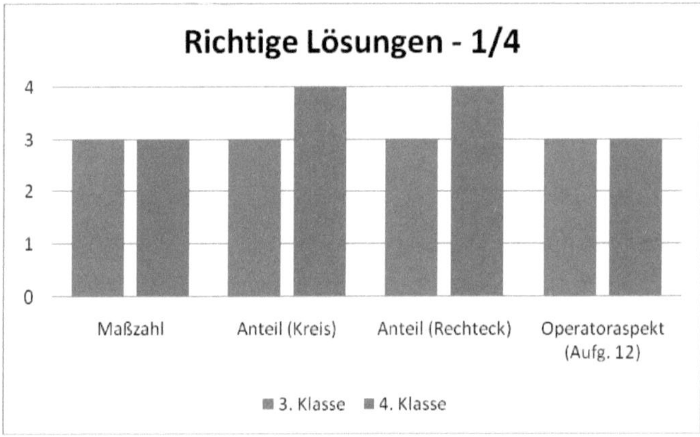

Auch beim Bruch $\frac{1}{4}$ kann die Aussage bestätigt werden. Sowohl beim Maßzahlaspekt und auch beim Anteilsaspekt kann die Grundvorstellung als Anteil von nahezu allen Kindern problemlos aktiviert werden. Auch die Grundvorstellung als Operator wird von den Kindern auf gleichem Niveau gelöst.

Matti (3. Klasse), Aufgabe 2:
VL: „Prima. Schreibst es da mal hin. Kriegst du jetzt vielleicht doch noch ein Viertel hin?"
(7 sec Pause)
M: „15."
VL: „Wie hast du das gemacht?"
(..)
M: „Hab einfach nur überlegt."
VL: „Und wie hast du das genau überlegt, damit ich das verstehe?"
(...)
[M. schüttelt den Kopf]

Bei Mattis Lösung zum Maßzahlaspekt ist sein intuitives Wissen gut zu erkennen. Zwar kann er sagen, dass ein Viertel gleich 15 sind, eine Begründung fällt ihm hingegen sichtlich schwer. Nachdem ihm keine mathematische Lösung eingefallen ist, begründet er dahingehend, einfach nur überlegt zu haben. Matti muss also wissen, dass $\frac{1}{4}$ in diesem Fall gleich fünfzehn ist, kann dies dann allerdings nur durch sein auswendig gelerntes Wissen begründen. Padberg begründet dieses Wissen mit „festen Identitäten" (vgl. Padberg 2002, 117) aus der alltäglichen Praxis.

Insgesamt kann festgehalten werden, dass die Alltagsbrüche $\frac{1}{2}$ und $\frac{1}{4}$ in den Köpfen der Kinder schon so verankert sind, dass hier zum einen deutlich bessere Ergebnisse erzielt werden als bei allen anderen Brüchen, zum anderen kann festgestellt werden, dass die interviewten Schüler diese Aufgaben unabhängig vom Bruchzahlaspekt lösen konnten.

Mit diesen Ergebnissen müssen die weiteren Auswertungen aus einem anderen Blickwinkel heraus vorgenommen werden. Da die Brüche $\frac{1}{2}$ und $\frac{1}{4}$ gesondert analysiert worden sind, stellt sich nun die Frage, ob auf der einen Seite Stammbrüche und weitere Brüche unter einem Bruchzahlaspekt besser gelöst werden können und auf der anderen Seite ob eine der Grundvorstellungen besser aktiviert werden kann. In diesem Zusammenhang muss sicherlich auch ein besonderes Augenmerk auf die verwendeten Darstellungsformen und die Art der Ebenenübersetzung gelegt werden.

Zuerst soll aber analysiert werden, ob allgemeine Unterschiede bei den Aspekten auftauchen. Dazu werden die Lösungen ohne die Alltagsbrüche verglichen, da diese zum einen explizit untersucht wurden und zum anderen eine Sonderstellung mit besseren Ergebnissen einnehmen.

Die Lösungen von Aufgabe 5 werden in der Auswertung aufgrund ihrer hohen Lösungsquote nicht berücksichtigt. Eine Berücksichtigung dieser anscheinend sehr einfachen Aufgabe würde kein repräsentatives Ergebnis bringen. Eine Auswertung hierzu kann in der vorherigen Auswertung nachgelesen werden.

Außerdem gab es mehrere Aufgaben eines Aspektes mit dem gleichen Bruch, so dass teilweise Aspekte in den Diagrammen doppelt auftauchen. Dies ist dann kein Fehler in der Darstellung, sondern eine weitere Aufgabe im Test mit dem gleichen Bruch.

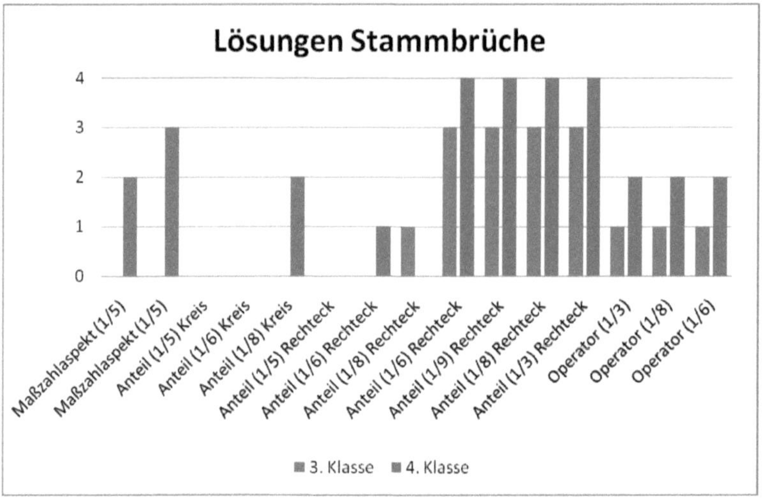

Während die Lösungen bei den Alltagsbrüchen durchgehend als gut bezeichnet werden können, zeichnet sich aus diesem Diagramm ein anderes Bild ab. Besonders auffällig ist hier die Differenz zwischen den Drittklässlern und Viertklässlern beim Maßzahl- und Anteilsaspekt. Vereinzelnd konnten Viertklässler die Aufgaben lösen. Bei den Schülern der dritten Klasse gibt es lediglich eine richtige Lösung bei einem Achtel.

Gemeinsamkeiten bei Lösungen der Brüche tauchen hingegen nicht auf. Als Beispiel ist hier der Bruch $\frac{1}{5}$zu nennen: Während die Bearbeitung bei der vierten Klasse zwei von vier (bzw. drei von vier) Schülern richtig machen, folgt nicht automatisch eine richtige Lösung beim Anteilsaspekt. Bei dieser Aufgabe schafft es kein Kind, eine korrekte Lösung anzugeben.

Ein weiteres Beispiel ist die Lösung zu $\frac{1}{6}$. Beim Anteilsaspekt sowohl bei der Kreis- als auch bei der Rechteckdarstellung sind die richtigen Lösungen minimal. Dagegen stellen sich beim Operatoraspekt bessere Lösungen ein. Die deutlich bessere Lösung der weiteren Anteilaufgaben ist sicher damit zu begründen, dass die Kinder selbst keinen Bruch einzeichnen, sondern ablesen sollten. Selbst, wenn die Kinder keine ausreichende Grundvorstellung aktiviert haben, können sie durch das Ablesen der gesamten Anzahl an Feldern kaum Fehler begehen.

Auch Padberg sieht in seiner Studie die Ergebnisse zu den Stammbrüchen ähnlich. „Der Weg bis zu einem allgemeinen Bruchzahlbegriff (...) ist also selbst im Fall der Stammbrüche für sehr viele Schüler zu Beginn der Klasse 6 noch recht weit“ (vgl. Padberg 2002, 114).

Übertragen auf Warthas Grundvorstellungen kann also für die Schüler geschlussfolgert werden, dass im Sinne beider Grundvorstellungen nicht von einer Aktivierung eines elementaren Bruchzahlverständnisses für Stammbrüche gesprochen werden kann. Zwar gibt es für Teile der Aufgaben richtige Ergebnisse, aber die Quote der richtigen Lösungen ist deutlich geringer als bei den anderen und lässt sich nicht einem bestimmten Bruchzahlaspekt zuordnen.

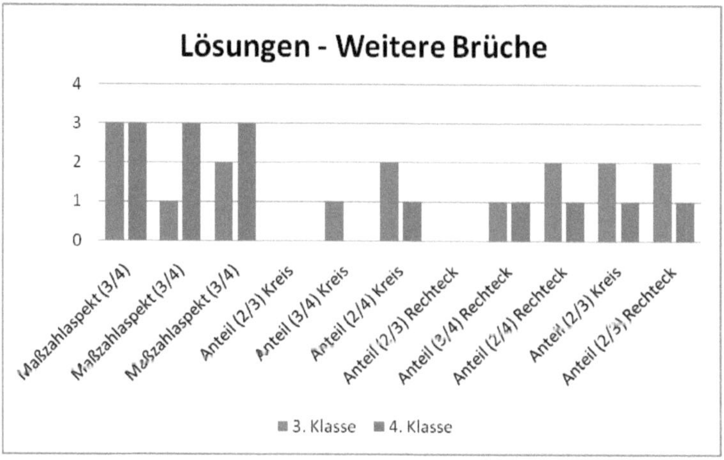

Wenn man sich den Lösungen der weiteren Brüche zuwendet, fällt auf, dass der Bruch $\frac{3}{4}$ in gewisser Weise eine Sonderstellung einnimmt. Gerade im Maßzahlaspekt ist drei Viertel den Schülern aus Alltagskontexten so gut vertraut, dass dort die besten Ergebnisse erzielt wurden.

Für den Anteilsaspekt, sowohl im Kreismodell als auch im Rechteckmodell, sind die korrekten Lösungen deutlich geringer. Dies erscheint durchaus logisch, wenn man bedenkt, dass die Kinder bei $\frac{1}{4}$ den Kreis bzw. das Rechteck nur in vier gleich große Stücke unterteilen und eines auswählen und bei $\frac{3}{4}$ zusätzlich zum Aufteilen auch noch 3 von den 4 Stücken markieren mussten (vgl. Padberg 2002, 114). Die Aufgaben zu $\frac{2}{3}$ und $\frac{2}{4}$ im Anteilsaspekt sorgen bei den Kindern für niedrige Lösungsquoten. Während $\frac{2}{4}$ noch relativ gut in das Rechteck und den Kreis gezeichnet wird, schaffen dies die Kinder bei dem anspruchsvolleren Bruch $\frac{2}{3}$ nicht mehr. Das Ablesen fällt den Kindern dagegen leichter: Hier lösen 2 von 4 Kindern der dritten Klasse und einer der vierten Klasse die Aufgabe zu $\frac{2}{3}$ richtig.

Zusammenfassend kann für diesen Teil der Auswertung festgehalten werden, dass zwar die Aufgaben mit dem Maßzahlaspekt am besten gelingen, diese Aufgabe allerdings nur für den im Alltag gebräuchlichen Bruch $\frac{3}{4}$ gestellt wurde. Interessant wäre es in einem weiteren Schritt, den Kindern vergleichbare Aufgaben mit $\frac{2}{3}$ und $\frac{2}{4}$ zu stellen. Mit den vorliegenden Ergebnissen zum Maßzahlaspekt muss vorläufig vorsichtig umgegangen werden und es kann keineswegs verallgemeinert werden, dass die Lösung für weitere Brüche mit dem Maßzahlaspekt immer am besten gelingt. Lediglich die Schlussfolgerung, dass $\frac{3}{4}$ im Maßzahlaspekt von den Schülern sehr gut gelöst wird, ist hier möglich.

Nachdem die Ergebnisse hinsichtlich der Aspekte keinen ausreichenden Überblick gegeben haben, stellt sich letztendlich außerdem die Frage, ob für die Lösung der Schüler die Art des Ebenenwechsels entscheidend sein könnte. Können Grundvorstellungen dementsprechend besser aktiviert werden, wenn die Kinder von der symbolischen auf die ikonische Ebene übersetzen müssen oder umgekehrt?

Ein weiterer bisher unbeleuchtet gebliebener Aspekt ist die Bedeutung der ikonischen Darstellung an sich. Lassen sich für die Kinder die Aufgaben bei alltäglichen Darstellungen (Äpfel, Pizzen) besser lösen als bei abstrakten Darstellungen (Kreis, Rechteck).
Somit sind die Aufgaben aus diesem Betrachtungswinkel folgendermaßen sortiert:
Von der symbolischen zur ikonischen Ebene sind die Aufgaben 10, 11, 15, 5, 6, 7, 17 und 18, die zusätzlich von konkreten, bekannten Darstellung zu abstrakten Darstellungen angeordnet sind.
Von ikonisch zu symbolisch werden die Aufgaben 16, 8, 9, 4 in der gleichen Reihenfolge von konkret zu abstrakt betrachtet.
Weiterhin gibt es noch die Aufgaben 12 bis 14, die eine doppelte Übersetzung beinhalten: von einer symbolischen auf die ikonische Ebene und anschließend von der ikonischen zurück auf die symbolische Ebene.
Die Aufgaben 1-3 hingegen können keiner Kategorie zugeordnet werden, da hier kein Übersetzen auf eine andere Ebene stattfindet.

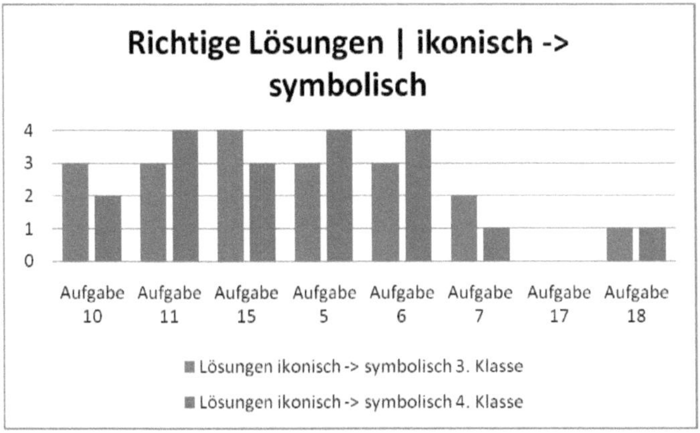

Bei der Auswertung der Aufgaben ist offensichtlich, dass die Aufgaben 10 bis einschließlich 6 im Verhältnis zu den Aufgaben 7, 17, 18 deutlich bessere Ergebnisse aufweisen. Während die Aufgaben 10 bis 6 von mindestens der Hälfte der Kinder aus jeder Klassenstufe gelöst werden konnten, fällt ab der Aufgabe 7 die Quote der richtigen Lösungen rapide ab.

Ein bei Wartha (2009) beschriebener Fehler ist, dass die Kinder nicht zwischen Darstellungen verschiedener Ebenen übersetzen können.

Mathis (4.Klasse), Aufgabe 17:
VL: „Acht von zwölf sind gelb. Kannst du da noch einen anderen Bruch zu sagen?"
M: „(...) Schwer."
VL: „Warum ist das schwer?"
M: „Weil ich hab noch nicht so viel mit diesen Brüchen gehabt. Ich glaube zwei Viertel."
VL: „Warum?"
M: „Weil in jedem gelben Kästchen sind zwei und das sind vier Teile davon."

Mathis Lösung stellt ein Beispiel für einen unmöglichen Ebenenwechsel dar. Bei der Aufgabe 17 muss er von einer ikonischen Darstellung zu einer symbolischen Lösung wechseln. Zuerst erklärt er, dass die Aufgabe für ihn schwierig sei, weil er noch nicht so viel mit Brüchen gearbeitet habe. Diese Argumentation taucht an dieser Stelle zum ersten Mal auf. Möglicherweise sorgt das abstrakte Rechteck in Kombination mit dem noch nicht ausgeprägten Bruchzahlverständnis für Mathis Einstufung der Aufgabe als schwer. Weiterhin gelingt ihm kein wirklicher Ebenenwechsel. Er versucht lediglich die markierten und unmarkierten Felder in Beziehung zueinander zu setzten und dort einen Bruch herauszufinden. Einige Kinder zeigen deutliche Schwierigkeiten beim Übersetzten der Ebenen, wenn die Darstellungen abstrakt sind (vgl. Mathis, Bruno, Katja), während dies bei einfacheren Darstellungen, die einen Alltagsbezug für die Kinder besitzen, um einiges besser gelingt. Anscheinend können die Schüler diese

Lösungen nicht auf abstrakte Modelle flexibel übertragen, so dass in diesen Fällen bei kaum einem Schüler eine Aktivierung von Grundvorstellungen gelingt.

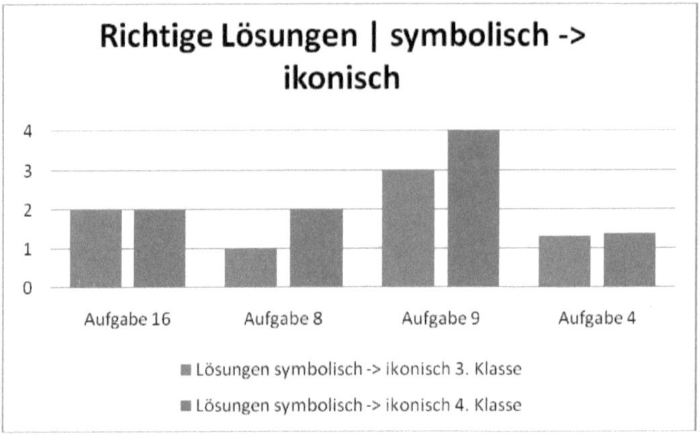

Der Vergleich zu der Übersetzung von symbolisch auf ikonisch ist durchaus interessant. Für die Aufgabe 4 wurden lediglich die Mittelwerte berechnet, da eine Darstellung für 16 Aufgaben nicht übersichtlich gewesen wäre. Die genauen Ergebnisse wurden außerdem für die Aufgabe 4 schon vorher ausführlich dargestellt und beschrieben, so dass hier eine Zusammenfassung der Mittelwerte ausreichen sollte.

Während die Aufgabe 16 mit Pizzen genauso einen Alltagsaspekt in der Darstellung aufweist wie die Aufgaben 8 und 9 mit Äpfeln, sind bei der Aufgabe 4 lediglich Rechtecke und Kreise als abstraktere Darstellungen gegeben.

Grundsätzlich werden bei den Alltagsaufgaben deutlich bessere Lösungen erzielt, als bei Aufgabe 4. Gerade die Aufgabe neun mit dem gerechten Teilen von Äpfeln stellt sich als sehr alltagsbezogen heraus und ermöglicht den Kindern eine Aktivierung einfacherer Grundvorstellungen.

Die schlechtesten Ergebnisse sind bei Aufgabe 4 zu finden. Lediglich 1,3 Kinder (Mittelwert) der dritten Klasse und 1,375 Kinder (Mittelwert) der vierten Klasse konnten die Aufgaben erfolgreich absolvieren.

Zwar wurden auf der Ebene der Übersetzung von symbolischen zu ikonischen Brüchen nicht so viele Aufgaben miteinander verglichen, allerdings lässt sich hier ähnlich vermuten, dass der entscheidende Aspekt nicht im Ebenenwechsel liegt, sondern die Schüler generell bei abstrakteren Darstellungen die größten Probleme bekommen.

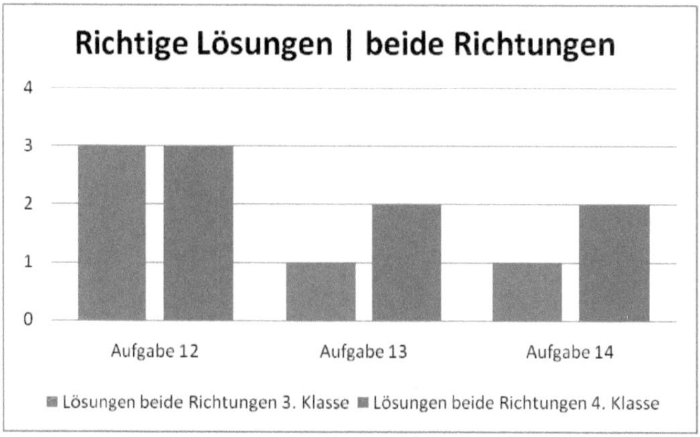

Um die Auswertung zu vervollständigen sei eine Darstellung der Aufgaben 12 bis 14 aufgeführt, die eine Übersetzung in beide Richtungen fordern. Dabei wird in allen Aufgaben die Rechteckdarstellung verwendet.

Die häufigsten richtigen Lösungen finden sich bei der Aufgabe mit Alltagsbrüchen wieder, während die Aufgaben 13 und 14 hinsichtlich der Quote der richtigen Lösungen abfallen. Entscheidend für den Abfall ist sicherlich auch die Auswahl der gewählten Stammbrüche, die keine Alltagsbrüche sind.

Im Vergleich zu den Übersetzungen in eine Richtung lassen sich keine großen Auffälligkeiten beobachten.

Insgesamt kann für den Ebenenwechsel anhand der Ergebnisse nicht geschlussfolgert werden, dass ein Wechsel von ikonischer zu symbolischer Ebene schwieriger ist als der umgekehrte Weg von symbolischer zu ikonischer Ebene.

Entscheidend hingegen für die Interviewgruppe ist die Art der verwendeten Darstellung. Grundvorstellungen als Anteil und als Operator konnten bei diesen Schülern deutlich besser aktiviert werden, wenn Alltagsdarstellungen verwendet wurden.

8. Schlussfolgerungen

Die Motivation dieser Bachelor-Arbeit war es, das elementare Bruchzahlverständnis bei Dritt- und Viertklässlern zu untersuchen. Hierzu wurden die Grundvorstellungen nach Wartha (2007) beschrieben und für die Auswertung genauso genutzt wie die Bruchzahlaspekte nach Padberg (2009).

Die beschriebenen Fragestellungen werden nun in Folge der Auswertung der eigenen empirischen Studie diskutiert.

Eine der Leitfragen dieser Bachelor-Arbeit waren die Vorerfahrungen zu den Alltagsbrüchen $\frac{1}{2}$ und $\frac{1}{4}$. Während in der Literatur von sehr guten Ergebnissen (vgl. Wartha 2007, Padberg 2009) zu diesen Alltagsbrüchen unmittelbar vor der Einführung der Bruchrechnung gesprochen wird, sollte dies auch für Schüler der dritten und vierten Klasse untersucht werden. Die Ergebnisse der Studie decken sich vollends mit den Ergebnissen anderer empirischer Studien. Auch die Schüler der dritten und vierten Klasse aus unserer Studie hatten die besten Lösungen bei den Brüchen $\frac{1}{2}$ und $\frac{1}{4}$. Viele der Schüler kannten aus Alltagskontexten die Begriffe $\frac{1}{2}$ und $\frac{1}{4}$ und konnten diese ohne großes Nachdenken auf die verschiedenen Bruchzahlaspekte anwenden und mit diesen Brüchen eine Grundvorstellung aktivieren.

Eine weitere These aus der Literatur, dass die Ergebnisse bei weiteren Stammbrüchen und einfachen Brüchen deutlich abfallen, kann auch für die Kinder der dritten und vierten Klasse aus der Studie bestätigt werden. Durch den nicht mehr gegebenen Alltagskontext fielen die Ergebnisse deutlich ab. Kaum ein Kind konnte Grundvorstellungen als Anteil oder als Operator aktivieren.

Eine weitere Frage war, ob die Brüche $\frac{1}{2}$ und $\frac{1}{4}$ bei allen Bruchzahlaspekten bessere Lösungen aufwiesen oder ob einige Bruchzahlaspekte schwieriger im Kontext der Alltagsbrüche zu lösen waren. Dieser These kann widersprochen werden. $\frac{1}{2}$ und $\frac{1}{4}$ sind so stark bei den Kindern verankert, dass es keine Relevanz zu haben scheint, in welchem Aspekt die Bruchzahlen auftauchen.

Im Anschluss wurde die weitere Auswertung ohne die Alltagsbrüche, die einen Sonderfall beim elementaren Bruchzahlverständnis darstellen, betrachtet.

Danach wurden die Stammbrüche und weitere Brüche nach Aspekten sortiert und analysiert, ob der Aspekt bei diesen Brüchen entscheidend für eine richtige Lösung ist. Allerdings sorgten die kindlichen Ergebnisse nicht für ein Resultat hinsichtlich eines Aspektes. Einzig stach der Bruch $\frac{3}{4}$ heraus, der in den Aspekten eine höhere Quote aufwies als die weiteren Brüche. In der Literatur (vgl. Wartha 2007) wird bei diesem Bruch zumeist ebenfalls von einem Alltagsbruch gesprochen. Dies erklärt auch die guten Ergebnisse. Kinder haben beispielsweise durch die Uhr alltägliche Vorstellungen vom Bruch $\frac{3}{4}$.

Für alle weiteren Brüche und Stammbrüche kann kein eindeutiges Ergebnis zugunsten eines Aspektes oder einer Bruchzahl festgehalten werden. Die Ergebnisse zeigen lediglich erneut, dass bei wenigen Kindern ein elementares Bruchzahlverständnis vorhanden ist.

Eine letzte Forschungsfrage war, ob es entscheidend ist, in welcher Richtung ein Ebenenwechsel in den Aufgaben stattfinden. Außerdem wurde hierbei untersucht, mit welchen Darstellungsformen gearbeitet wurde und ob Unterschiede sich auf die Ergebnisse auswirken. Auffällig war hierbei, dass die Kinder sowohl beim Wechsel von ikonisch auf symbolisch als auch beim Wechsel von symbolisch auf ikonisch Probleme haben. Die Art des Ebenenwechsels scheint in den gewählten Aufgaben und bei den gewählten Kindern nicht entscheidend zu sein. Es kann also nicht von einer besseren Aktivierung einer Grundvorstellung bei einem bestimmten Ebenenwechsel gesprochen werden. Vielmehr ist es so, dass dies Kindern nur gelingt, die bereits ein gutes elementares Bruchzahlverständnis zeigen (vgl. Aaron, Can-Luca) und andere Kinder in beiden Richtungen scheitern. Entscheidend hingegen ist die Art der Darstellung. Setzten sich die Schüler mit Alltagskontexten (Äpfel, Pizzen) auseinander, gelangen die Lösungen in beiden Fällen deutlich besser als bei abstrakten Kreis- oder Rechteckmodellen.

Weiterhin fällt bei der Auswertung auf, dass kein großer Unterschied zwischen den Lösungen der dritten und vierten Klasse besteht. Die Viertklässler zeigen an einigen Stellen (Maßzahlaspekt) ein besseres Bruchzahlverständnis, insgesamt ist jedoch kein großer Unterschied zwischen den Schuljahren zu erkennen.

Zwar sind die Ergebnisse dieser Studie aufgrund der geringen Anzahl an Teilnehmern nicht als repräsentativ anzusehen, jedoch können, teilweise auch in Übereinstimmung mit der Fachliteratur, Schlussfolgerungen für den Grundschulunterricht gezogen werden.

Padberg empfiehlt in seinen Curricularen Konsequenzen die systematische Behandlung von anschaulichen Grundvorstellungen vielseitig und aspektreich zu erarbeiten (vgl. Padberg 2009, 247).

Meiner Meinung nach sollte schon in der Grundschule auf einzelne Grundvorstellungen eingegangen werden. Gerade wenn es nicht um Alltagsbrüche geht, müssen Schüler noch deutlich Defizite aufholen (vgl. Wartha 2009, 76).

Beginnt man zu spät mit dem Arbeiten mit Brüchen, haben sich möglicherweise Fehlvorstellungen verfestigt und/oder es können in der Kürze der Zeit keine Grundvorstellungen aufgebaut werden. Dies hätte in der Bruchrechnung ein großes Verständnisproblem zur Folge, das wiederrum zu einem Auswendig lernen von Regeln und keinem Bruchzahlverständnis führt.

Wartha (2009) sieht eine zentrale Bedeutung in jenen Aufgaben, die das Übersetzen zwischen enaktiver, ikonischer und symbolischer Ebene behandeln.

Abschließen soll diese Bachelorarbeit mit genau dem Zitat, was diese Arbeit auch schon eingeleitet hatte, abschließen.
Brüche stellen viele Kinder vor große Probleme und müssen demnach gezielt und auf mehreren Ebenen im Unterricht – auch schon vereinzelt am Ende des Grundschulunterrichts – behandelt werden.

„Brüche besitzen viele verschiedene Gesichter und nicht nur einen formalisierten Schattenriss, (...). Wer daher die Bruchrechnung wirklich verstehen und nicht nur Brüche nach fehleranfälligen Regeln manipulieren will, muss zuvor diese Gesichter gründlich betrachtet und ihre Zusammenhänge erkannt haben" (Padberg 2009, 28f.).

9. Literaturverzeichnis

Affolter, W., Amstad, H., Doebeli, M. (2008): Das Mathematikbuch 5. Klett.

Altevogt, A., Lager, M., Viet, U. (1995): Warum ist ¼ von 32 gleich 7?. *Mathematik lehren,* No. 73, 8-11.

Behr, M.J., Lesh, R., Post, T.R, Silver, E.A. (1983): Rational-number concepts. In: R. Lesh & M. Landau (Hrsg.): Acquisition of mathematic concepts and processes. New York: cademic Press, 91-126.

Bruner, J.S., (1971): Studien zur kognitiven Entwicklung - *eine kooperative Untersuchung am Center for Cognitive Studies der Harvard-Universität.* 1. Aufl. Stuttgart: Klett.

Charles, K., Nason, R. (2000): Young children's portioning strategies. *Educational Studies in Mathematics,* 43 (2), 191-221.

Ebneth, G., Spann, R., Spyra, R. (1990): Planung und Durchführung von Untersuchungen zum Bruchzahlbegriff in 9. Jahrgangsklassen. In: Gisela Heink und Wolfang Reitberger: Untersuchung zum Verständnis des Bruchzahlbegriffs, Bad Salzdetfurth.

Gabriel, T. (1997): Einfache Bruchteile. *Mathematische Unterrichtspraxis,* No.2, 30-34.

Hasemann, K. (1986): Bruchvorstellungen und die Addition von Bruchzahlen. *mathematik lehren*, No.16, 16-19.

Hasemann, K. (1993): Mißverständnisse beim Bruchrechnen – Missverständnisse der Division. *Mathematik in der Schule,* No. 31, 70-78.

Hofe, R. vom (1995): Grundvorstellungen mathematischer Inhalte. Heidelberg: Spektrum.

Hefendehl-Hebeker, L. (1996): Brüche haben viele Gesichter. *Mathematik lehren,* No. 78, 20-22.

Heidenreich, M., Kinkel-Craciunesu, M., Laubis, T. (2009): Mathetiger 4. Mildenberger.

Kultusministerium NRW (2003): Richtlinien und Lehrpläne zur Erprobung für die Grundschule in Nordrhein-Westfalen – Deutsch, Sachunterricht, Mathematik, Musik, Kunst, Evangelische Religionslehre, Katholische Religionslehre. Frechen: Ritterbach.
Lamon, S.J. (1996): The development of unitzing: Its role in children's portioning strategies. *Journal for Research in Mathematics Education,* 27, 2, 170-193.

Leininger, E., Ernst, G., Kistella, A., Wallrabenstein, H. et al. (2000): *Nussknacker – Unser Rechenbuch 4. Schuljahr.* Leipzig: Klett.

Lorenz, J. H. (2008): Mathematikus 2. Braunschweig: Westermann.

Lorenz, J. H. (2008): Mathematikus 4. Braunschweig: Westermann.

Malle, G. (2004): Grundvorstellungen zu Bruchzahlen. *Mathematik lehren,* No. 123, 20-22.

Mosel-Göbel, D. & Stein, M. (2009): Leonardo. Mathematik 3. Schuljahr. Frankfurt/M.: Diesterweg.

Neumann, R. (1997): Probleme von Gesamtschülern bei ausgewählten Teilaspekten des Bruchzahlbegriffs: eine empirische Untersuchung. Lage: Jacobs.
Padberg, F. & Krüger, H. (1997): Bruchzahlverständnis – systematische Fehlerstrategien und Fehlvorstellungen. *Praxis der Mathematik in der Schule,* No. 39, 193-195.

Padberg, F. (2002): Anschauliche Vorerfahrungen zum Bruchzahlbegriff zu Beginn der Klasse 6. *Praxis der Mathematik in der Schule,* No. 44, 112-117.

Padberg, F. (2009): Didaktik der Bruchrechnung. 4. Aufl. Heidelberg; Berlin: Spektrum Akad. Verl.

Rinkens, H.-D. & Hönisch, K. (2006): Welt der Zahl 4. Schuljahr. Hannover: Schroedel.

Rottmann, T. (2006): Das kindliche Verständnis der Begriffe „die Hälfte“ und „das Doppelte“ – *Theoretische Grundlegung und empirische Untersuchung.* Hildesheim; Berlin: Franzberger Verl.

Schütte, S. (2003). Die Matheprofis 4. München: Oldenbourg.

Selter, C. & Spiegel, H. (1997): Wie Kinder rechnen. Leipzig; Stuttgart; Düsseldorf: Klett.

Sekreteriat der Ständigen Konferenz der Kultusminister der Länder in der Bundesrepublik Deutschland (2005): Bildungsstandards im Fach Mathematik für den Primarbereich (Jahrgangsstufe 4). München: Luchterhand.

Streefland, L. (1993): Fractions: A realistic approach. In: T.P. Carpenter, E. Fennema, T.A. Romberg (Hrsg.): Rational numbers: An integration of research, Hillsdale, New Jersey: Erlbaum, 289-325.

Wartha, S. (2007): Längsschnittliche Untersuchungen zur Entwicklung des Bruchzahlbegriffs. Hildesheim; Berlin: Franzberger Verl.

Wartha, S. (2009): Zur Entwicklung des Bruchzahlbegriffs – Didaktische Analysen und empirische Befunde. *Journal für Mathematik-Didaktik*, No 1, 55-79.

Wartha, S., Güse, M. (2009): Zum Zusammenhang zwischen Grundvorstellungen zu Bruchzahlen und arithmetischem Grundwissen. *Journal für Mathematik-Didaktik,* No. 3/4, 256-280

Watson, J.M., Campbell, K.J., Collis, K.F. (1999): The structural development of the concept of fraction by young children. *Journal of Structural Learning and Intelligent Systems,* 13, 3-4, 171-193.

Wittmann, E.C., Müller, G.N. (2004): Das Zahlenbuch 4. Leipzig, Stuttgart, Düsseldorf: Klett.